HEISHIDING DAXING ZHENJUN TUJIAN

黑石顶大型真菌图鉴

李 方 著

中山大学出版社
·广州·

版权所有 翻印必究

图书在版编目(CIP)数据

黑石顶大型真菌图鉴/李方著.—广州：中山大学出版社，2011.7
ISBN 978-7-306-03831-9

Ⅰ.黑… Ⅱ.李… Ⅲ.真菌—广东省—图谱 Ⅳ.Q949.32-64

中国版本图书馆CIP数据核字(2011)第018906号

出 版 人：祁 军
策划编辑：周建华 马霄行
责任编辑：马霄行
封面设计：林绵华
装帧设计：林绵华
责任校对：曾育林
责任技编：黄少伟
出版发行：中山大学出版社
电　　话：编辑部 020-84111996，84111997，84113349，84110779
　　　　　发行部 020-84111998，84111981，84111160
地　　址：广州市新港西路135号
邮　　编：510275　　　传　真：020-84036565
网　　址：http://www.zsup.com.cn　E-mail:zdcbs@mail.sysu.edu.cn
印 刷 者：佛山市浩文彩色印刷有限公司
规　　格：880mm×1230mm　1/32　6.75印张　150千字
版次印次：2011年7月第1版　2011年7月第1次印刷
印　　数：1～1500册　　　定　价：50.00元

如发现本书因印装质量影响阅读，请与出版社发行部联系调换

内容简介

本书收录了在广东省封开县黑石顶省级自然保护区采集的大型真菌152种，分别隶属于子囊菌和担子菌2亚门的4纲14目38科60属。每个种均有特征描述和1幅至数幅在黑石顶实地拍摄的该菌物的原生态照片。照片下注明拍摄时间及地点，摄影者除注明的外均为作者本人。

本书的排序基本上采用Ainsworth等（1973）的分类系统，个别种的排序主要参考毕志树等著的《广东大型真菌志》和卯晓岚主编的《中国大型真菌》。书末列有黑石顶大型真菌学名索引及主要参考文献。

本书主要是为中山大学生命科学学院的本科生在黑石顶实习时辨认真菌而编写，也可供菌物学工作者及大专院校师生参考。

前　言

广东省封开县黑石顶省级自然保护区（下简称"黑石顶"）建立于1979年。1985年10月，在中山大学张宏达教授的倡议下，教育部批准在黑石顶建立生态站，至今这是我国高校唯一的"热带森林生态系统实验中心"。

黑石顶位于封开县中南部（111°49′09″～111°55′01″E，23°25′15″～23°30′02″N），北回归线恰从其中部贯穿而过；境内山峦起伏，沟谷纵横，气候温暖，雨量充沛，是热带与亚热带的交汇区，植被覆盖率达95.5%以上，被誉为"北回归线上的绿洲"和"广东的西双版纳"。

特殊的地理位置、丰富多样的地形地貌和温暖湿润的气候造就了黑石顶极为丰富的植被类群，加之人为干扰少，为大型真菌的发育提供了良好的生境。这里四季皆有菌物发生，种类和数量均很丰富。据《广东大型真菌志》记载，1986年，广东省微生物研究所毕志树先生组织的该志编写小组对黑石顶进行了4次短期采集，在该志中，共记录了黑石顶的大型真菌177种。之后，对黑石顶大型真菌的研究就几乎沉寂了下来。

自2008年11月至2010年6月，本人在国家基础学科人才培养基地——生物学基地的经费支持下，带领雷宇、郑毅和魏绍巍等三位中山大学生态学系本科生对黑石顶进行了10次菌物采集，共获标本600余号，拍摄菌物原生态照片数千幅。书中收录的152种菌物及其照片均取自我们这一年多来在黑石顶采集的收获。这是第一本专门介绍黑石顶大型真菌的原色图鉴，为今后对黑石顶丰富的菌物资源做进一步调查研究积累了宝贵的资料。

本书能出版，首先要感谢中山大学生命科学学院叶创新、王金发、廖文波和陆勇军四位教授，是他们的充分信任和大力支持使本人敢承担起这搁置已久的工作；菌物采集过程中，我们得到了黑石顶省级自然保护区管理处雷纯义科长、叶剑南护林员、中山大学生态系余世孝教授、王永繁副教授、中山大学驻黑石顶生态学实验站叶伟南老师及其夫人张丽丽女士以及保护区管理处所有员工及其家属的支持和帮助；菌种的鉴定得到了广东省科学院微生物研究所李泰辉教授及其博士生邓春英同学的支持和帮助，在此一并深表感谢！

由于本人从事大型真菌研究资历尚浅，书中错误之处实所难免，希望读者多提宝贵意见。

李　方

2010年8月于中山大学

目 录

子囊菌亚门 Ascomycotina
核菌纲 Pyrenomycetes
麦角菌目 Clavicipitales
麦角菌科 Clavicipitaceae /1
1. 大蝉草
   Cordyceps cicadae Shing /1
2. 表生虫草
   Cordyceps superficialis (Pk.)Sacc. /2
3. 蚁虫草
   Cordyceps myrmecophila Ces. /2
4. 椿象虫草
   Cordyceps nutans Pat. /3
5. 茧草
   Cordyceps pruinosa Petch /4
6. 蜂头虫草
   Cordyceps sphecocephala (Kl.) Sacc. /5
7. 蛹虫草
   Cordyceps militaris (L.)Link. /6

炭角菌目 Xylariales
炭角菌科 Xylariaceae /7
8. 截头炭团菌
   Hypoxylon annulatum (Schw.) Mont. /7
9. 扣状炭角菌
   Xylaria fibula Mass. /8
10. 短柄炭角菌
    Xylaria castorea Berk. /9
11. 掌形炭角菌
    Xylaria sp. /10

盘菌纲 Discomycetes
柔膜菌目 Helotiales
锤舌菌科 Leotiaceae /11
12. 橘色层杯菌
    Hymenoscyphus serotinus (Pers.) Phill. /11

盘菌目 Pezizales
肉盘菌科 Sarcosomataceae /12
13. 爪哇盔盘菌
    Galiella javanica (Rehm. in Henn.) Nannf. et Korf /12
马鞍菌科 Helvellaceae /13
14. 小马鞍菌
    Helvella pulla Holmsk:Fr. /13

担子菌亚门 Basidiomycotina
层菌纲 Hymenomycetes
银耳目 Tremellales
银耳科 Tremellaceae /14
15. 银耳
    Tremella fuciformis B. /14

木耳目 Auriculariales
木耳科 Auriculariaceae /15
16. 毛木耳
   Auricularia polytricha (Mont.) Sacc. **/15**

花耳目 Dacrymycetales
花耳科 Dacrymycetaceae /16
17. 胶角耳
   Calocera cornea (Batsch) Fr. **/16**

非褶菌目 Aphyllophorales
柄杯菌科 Podoscyphaceae /17
18. 漏斗形波边革菌
   Cymatoderma infundibuliforme (Kl.)Boid. **/17**

革菌科 Thelephoraceae /19
19. 莲座革菌
   Thelephora vialis Schw. **/19**
20. 帚状黄革菌
   Thelephora amboinensis Lév. **/21**
21. 小革菌
   Thelephora penicillata (Pers.)Fr. **/22**

珊瑚菌科 Clavariaceae /23
22. 小孢白枝瑚菌
   Ramaria flaccida (Fr.) Ricken **/23**
23. 橘色枝瑚菌
   Ramaria sp. **/24**
24. 冠锁瑚菌
   Clavulina cristata (Fr.) Schroet. **/25**
25. 灰色拟锁瑚菌
   Clavulinopsis sp. **/26**

猴头菌科 Hericiaceae /27
26. 艾特类小齿菌
   Mycoleptodonoides aitchisonii (B.)Mass. **/27**

灵芝科 Ganodermataceae /28
27. 紫芝
    Ganoderma sinense Zhao, Xu et Zhang **/28**
28. 喜热灵芝
    Ganoderma calidophilum Zhao, Xu et Zhang **/29**
29. 假芝
    Amauroderma rugosum (Bl. et Nees) Bres. **/30**

刺革菌科 Hymenochaetaceae /31
30. 肉桂色集毛菌
    Coltricia cinnamomea (Jacq.:Fr) Murr. **/31**
31. 小集毛菌
    Coltricia pusilla Imazeki et Y.Kobayasi **/32**
32. 多年生集毛菌
    Coltricia perennis (L.:Fr.)Murr. **/33**
33. 针环褶菌
    Cyclomyces fuscus Kunze:Fr. **/34**
34. 贝形刺革菌
    Hymenochaete badio-ferruginea (Mont.) Lév. **/35**
35. 硬刺革菌
    Hymenochaete cacao B. **/36**
36. 软刺革菌
    Hymenochaete sallei B. et C. **/37**
37. 淡黄木层孔菌
    Phellinus gilvus (Schw.) Pat. **/38**

多孔菌科 Polyporaceae /39
38. 洁粉孢菌
    Amylosporus campbellii (B.)Ryv. **/39**
39. 漆柄小孔菌
    Microporus vernicipes (B.) Ktz. **/42**
40. 相邻小孔菌
    Microporus affinis (Bl. et Nees:Fr.) Ktz. **/44**
41. 黄柄小孔菌
    Microporus xanthopus (Fr.) Pat. **/47**

42. 棱盖多孔菌（射纹树掌）
   Polyporus grammocephalus B. /48
43. 漏斗多孔菌（漏斗棱孔菌）
   Polyporus arcularius Batsch:Fr. /49
44. 大孔菌
   Favolus alveolaris (DC.:Fr.) Quél. /50
45. 硫磺菌（硫色绚孔菌）
   Laetiporus sulphureus (Fr.) Murr. /51
46. 冷杉近毛菌
   Trichaptum abietinus (Dicks.:Fr.) Ryv. /53
47. 朱红密孔菌
   Pycnoporus cinnabarinus (Jacq. :Fr.) Karst. /54
48. 血红密孔菌
   Pycnoporus sanguineus (Fr.) Murr. /56
49. 桦革裥菌
   Lenzites betulina L. :Fr. /58
50. 偏肿栓菌
   Trametes gibbosa (Pers.:Fr.) Fr. /59
51. 米勒栓菌
   Trametes muelleri B. /61
52. 彩绒栓菌（云芝）
   Trametes versicolor (Fr.) Pil /63
53. 篱边黏褶菌
   Gloeophyllum sepiarium (Wulf.:Fr.) Karst. /65
54. 薄黑孔菌
   Nigroporus vinosus (B.) Murr. /66
55. 松生拟层孔菌
   Fomitopsis pinicola (Swart.:Fr.) Karst. /67
56. 红褐拟层孔菌
   Fomitopsis rhodophaeus (Lév.) Imaz. /69

侧耳科 Pleurotaceae /70
57. 革耳
   Panus rudis Fr. /70

58. 巨大香菇（大杯香菇）
   Lentinus giganteus B. /72

裂褶菌科 Schizophyllaceae /74
59. 裂褶菌
   Schizophyllum commune Fr. /74

鸡油菌目 Cantharellales
鸡油菌科 Cantharellaceae /75
60. 鸡油菌
   Cantharellus cibarius Fr. /75
61. 灰褐鸡油菌
   Cantharellus cinereus Fr. /76
62. 金号角
   Craterellus aureus B.et C. /77
63. 灰号角（喇叭菌，灰喇叭菌）
   Craterellus cornucopioides (L.:Fr.) Pers. /78

口蘑目 Tricholomatales
蜡伞科 Hygrophoraceae /79
64. 绯红湿蜡伞
   Hygrocybe coccinea (Schaeff.:Fr.) Kummer /79
65. 深黄蜡伞
   Hygrophorus craceus (Bull.) Bres. /80
66. 酒色蜡蘑
   Laccaria vinaceoavellanea Hongo /81

鹅膏科 Amanitaceae /82
67. 灰褐小鹅膏
   Amanita ceciliae (Berk. & Br.) Bas /82
68. 小托柄鹅膏
   Amanita farinosa Schw. /83
69. 灰花纹鹅膏
   Amanita fuliginea Hongo /84
70. 赤脚鹅膏
   Amanita gymnopus Corner & Bas /85

71. 灰疣鹅膏
    Amanita griseoverrucosa Zhu L. Yang **/86**
72. 本乡鹅膏
    Amanita hongoi Bas **/88**
73. 异味鹅膏
    Amanita kotohiraensis Nagas.& Mitani **/89**
74. 木色鹅膏
    Amanita lignitincta Zhu L. Yang **/90**
75. 隐花青鹅膏
    Amanita manginiana Har.et Pat. **/91**
76. 欧氏鹅膏
    Amanita oberwinklerana Zhu L. Yang & Yoshim.Doi **/93**
77. 卵孢鹅膏
    Amanita ovalispora Boedijn **/94**
78. 暗鳞隐丝鹅膏
    Amanita pilosella Corner & Bas **/96**
79. 土红粉盖鹅膏（锈红鹅膏，土红粉盖伞）
    Amanita rufoferruginea Hongo **/97**
80. 刻鳞鹅膏
    Amanita sculpta Corner & Bas **/99**
81. 中华鹅膏
    Amanita sinensis Zhu L. Yang **/100**
82. 锥鳞白鹅膏
    Amanita virgineoides Bas **/101**
83. 黄尖鳞鹅膏
    Amanita xanthogola Bas **/103**

口蘑科 Tricholomataceae /104
84. 小亚侧耳
    Hohenbuehelia flexinis Fr. **/104**
85. 粗糙小干蘑
    Cyptotrama asprata (Berk.) Redhead et Ginns **/105**
86. 纯白微皮伞
    Marasmiellus candidus (Bolt.) Sing. **/106**
87. 雪白小皮伞
    Marasmius niveus Mont. **/107**

88. 紫沟条小皮伞
   Marasmius purpurreostriatus Hongo **/108**
89. 大盖小皮伞
   Marasmius maximus Hongo **/109**
90. 黏小奥德蘑
   Oudemansiella mucida (Schrad.:Fr.)Hohn. **/111**
91. 长根小奥德蘑
   Oudemansiella radicata (Relh.:Fr.) Sing. **/112**
92. 小网孔菌
   Dictyopanus pusillus (Lév.)Sing. **/114**

伞菌目 Agaricales
光柄菇科 Pluteaceae /115
93. 银丝草菇（丝盖小包脚菇）
   Volvariella bombycina (Schaeff.:Fr.) Sing. **/115**

粉褶菌科 Entolomataceae /117
94. 蓝黑粉褶菌
   Entoloma cyanoniger (Hongo) Hongo **/117**
95. 方形粉褶菌
   Entoloma quadratum (B.et C.)Hk. **/118**
96. 褐盖粉褶菌
   Entoloma rhodopolium (Fr.) Kummer **/119**
97. 灰色粉褶菌
   Entoloma sp. **/120**

伞菌科 Agaricaceae /121
98. 紫褐蘑菇
   Agaricus rubellus (Gill.)Sacc. **/121**
99. 纯黄白鬼伞
   Leucocoprinus birnbaumii (Cda.) Sing. **/122**
100. 褐鳞环柄菇
   Lepiota helveola Bres. **/123**
101. 小环环柄菇
   Lepiota parvannulata (Lasch) Fr. **/124**

鬼伞科　Coprinaceae /125
102．小假鬼伞
　　　Pseudocoprinus disseminatus (Pers.:Fr.) Kuhner **/125**

粪伞科　Bolbitiaceae /126
103．柔弱锥盖伞
　　　Conocybe tenera (Schaeff.:Fr.) Fay. **/126**

丝膜菌科　Cortinariaceae /127
104．茶褐丝盖伞
　　　Inocybe umbrinella Bres. **/127**
105．土褐丝膜菌
　　　Cortinarius croceofolius Peck **/128**
106．棕黑丝膜菌
　　　Cortinarius melanotus Kalchbr. **/129**
107．伪异状丝膜菌
　　　Cortinarius nothoanomalus Mos. et Hk. **/131**

锈耳科　Crepidotaceae /132
108．黏锈耳
　　　Crepidotus mollis (Schaeff.:Fr.) Gray **/132**

牛肝菌目　Boletales
桩菇科　Paxillaceae /133
109．美丽褶孔牛肝菌
　　　Phylloporus bellus (Mass.) Corn. **/133**
110．波纹桩菇（波纹网褶菌，覆瓦网褶菌）
　　　Paxillus curtisii B. **/134**

松塔牛肝菌科　Strobilomycetaceae /135
111．绒柄松塔牛肝菌
　　　Strobilomyces floccopus (Vahl.:Fr.) Karst. **/135**
112．梭孢南方牛肝菌
　　　Austroboletus fusisporus (Kawam.,Imaz.et Hongo)Wolfe **/136**
113．长领黏盖条孢牛肝菌（长领黏牛肝菌，新加坡小牛肝菌）
　　　Boletellus longicollis (Ces.) Pegler et Young **/138**

牛肝菌科 Boletaceae /139

114. 朱红粉末牛肝菌
 Pulveroboletus auriflammeus (Berk. et Curt.) Sing. /139
115. 疸黄粉末牛肝菌
 Pulveroboletus icterinus (Pat. & C. P. Baker) Watling /140
116. 橘红花盖粉末牛肝菌
 Pulveroboletus sp. /141
117. 乳牛肝菌
 Suillus bovinus (L.:Fr.) O.Kuntze /142
118. 褐环黏盖牛肝菌
 Suillus luteus (L.:Fr.) Gray /143
119. 黑盖粉孢牛肝菌（黑牛肝）
 Tylopilus alboater (Schw.) Murr. /145
120. 绿盖粉孢牛肝菌
 Tylopilus virens (Chiu) Hongo /146
121. 灰紫粉孢牛肝菌
 Tylopilus plumbeoviolaceus (Snell & Dick) Sing. /147
122. 巴卢牛肝菌
 Boletus ballouii (Pk.) Sing. /148
123. 灰色牛肝菌
 Boletus griseus Frost /150
124. 小美牛肝菌
 Boletus speciosus Frost /151
125. 栗色牛肝菌
 Boletus umbriniporus Hongo /152
126. 褐色疣柄牛肝菌
 Leccinum sp. /154
127. 紫红绒盖牛肝菌
 Xerocomus puniceus (Chiu) Tai /155

铆钉菇科 Gomphidiaceae /157

128. 玫红铆钉菇
 Gomphidius roseus (Fr.) Karst. /157
129. 铆钉菇
 Gomphidius viscidus (L.) Fr. /159

红菇目 Russulales
红菇科 Russulaceae /161
130. 红汁乳菇
    Lactarius hatsudake Tan. /**161**
131. 蓝绿乳菇
    Lactarius indigo (Schw.)Fr. /**164**
132. 辣乳菇
    Lactarius piperatus (L.:Fr.)Gray /**165**
133. 毛头乳菇
    Lactarius torminosus (Schaeff.:Fr.)Gray /**166**
134. 白菇
    Russula albida Peck /**167**
135. 黄斑绿菇
    Russula crustosa Peck /**168**
136. 大白菇
    Russula delica Fr. /**169**
137. 乳白绿菇
    Russula galochroa Fr. /**170**
138. 拟臭黄菇
    Russula laurocerasi Melzer /**171**
139. 稀褶黑菇
    Russula nigricans (Bull.) Fr. /**172**
140. 点柄黄红菇
    Russula senecis Imai /**173**
141. 紫红红菇
    Russula omiensis Hongo /**175**
142. 紫花红菇
    Russula sp. /**176**
143. 堇紫红菇
    Russula violacea Quél. /**177**
144. 小红菇
    Russula sp. /**178**
145. 赭色红菇
    Russula compacta Frost et Peck apud Peck /**179**

腹菌纲 Gasteromycetes

鸟巢菌目 Nidulariales
鸟巢菌科 Nidulariaceae /180
146. 隆纹黑蛋巢菌
　　Cyathus striatus Willd.:Pers. /**180**

马勃目 Lycoperdales
马勃科 Lycoperdaceae /181
147. 头状秃马勃
　　Calvatia craniiformis (Schw.) Fr. /**181**

地星科 Geastraceae /182
148. 木生地星
　　Geastrum mirabile (Mont.)Fisch. /**182**

硬皮马勃目 Sclerodermatales
硬皮马勃科 Sclerodermataceae /183
149. 光硬皮马勃
　　Scleroderma cepa Pers. /**183**
150. 多根硬皮马勃
　　Scleroderma polyrhizum Pers. /**184**
151. 灰疣硬皮马勃
　　Scleroderma verrucosum Pers. /**185**

腹菌目 Hymenogastrales
腹菌科 Hymenogastraceae /186
152. 红须腹菌
　　Rhizopogon rubescens (Tul.)Tul. /**186**

黑石顶大型真菌学名拉丁文索引/187
黑石顶大型真菌学名中文索引/190
主要参考文献/193

子囊菌亚门　Ascomycotina
核菌纲　Pyrenomycetes
麦角菌目　Clavicipitales

1. 大蝉草
Cordyceps cicadae Shing

子座单根，从寄主头部发出，高达1～7cm，淡黄色至黄色。头部粉黄色，圆柱形，覆有粉末状孢子块。子囊长圆柱形，(144～192)μm×(6～9)μm。子囊孢子线形，(32～44)μm×1μm，无色，未见有隔。

生于混交林中蝉若虫上。

麦角菌科 Clavicipitaceae

图1-1. 2010年5月31日。独田。

图1-2. 挖出后形态，可见埋在地底下白色的蝉若虫。

图2. 2010年5月31日。上顶峰公路溪水边树林中,海拔195m。

2. 表生虫草

Cordyceps superficialis (Pk.)Sacc.

子座纤细,分枝或不分枝,从寄主虫体的一端或两端发出,长8~12cm,粗0.2mm,弯曲,灰白色至橙褐色,有细绒毛。子囊壳表生于子座的上位四周,群生至丛生,卵形至近锥形;大小(224~320)μm×(224~256)μm,橙褐色,壳口稍突,潮湿或成熟时从壳口喷出白色的孢子丝。子囊孢子比子囊略短,粗0.7μm,纤细,有多数隔膜,后横断成2.5~3.0μm的小段,有些更短小,成油点状。

生于阔叶林枯枝落叶层下腐枝内的鞘翅目幼虫上。

3. 蚁虫草

Cordyceps myrm-ecophila Ces.

子座单根,从寄主蚂蚁的胸部发出,长2~7cm,粗0.2mm,黄色至灰橙色,有光泽和微细条纹。头部长2.0~3.5cm,粗0.5mm,梭形至长梨形,未成熟时较光滑,有光泽,成熟时有小疣突起,疣端有白色子囊丝溢出,无不育顶端。子囊壳埋生于子座中。子囊孢子长

图3. 2010年5月31日。

(120~180)μm×1.5μm,无色,横断成9~11μm的小段,小段与小段间段节分明。

生于蚂蚁上。

图4-1. 2010年5月30日. 上顶峰公路边地上,海拔200m。圈内为子座头部,可见其上由子囊壳开口形成的褐色小点。

图4-2. 挖出后形态,可见椿象虫体,圈内为椿象虫体,两根子座从虫体胸部两边发出。

4. 椿象虫草

Cordyceps nutans Pat.

  子座单根,从虫体背侧长出,长8.9cm,粗1.1mm,黑褐色。头部腊肠形,与柄明显区分,黄红色至橙黄色,长1.1cm,粗约3mm,无不育顶端。子囊壳全埋生于子座内,仅壳口稍外露出子座上,色略深些,呈褐色小粒点,瓶形,(380～520)μm×(180～320)μm,子囊细棒形,顶端略膨大,(150～330)μm×(6.0～6.5)μm。子囊孢子断裂成(5.0～10)μm×(1.0～1.3)μm的小段。

  生于阔叶林地埋在土中的半翅目昆虫成虫上。

麦角菌科 *Clavicipitaceae*

图5-1. 2010年5月31日. 上顶峰公路边地上，海拔300m。

图5-2. 挖出后形态。

麦角菌科 Clavicipitaceae

5. 蛹草

Cordyceps pruinosa Petch

子座单生、群生。高1.5～3.0cm，全部鲜红色。头部圆柱形，长6～10mm，粗1.5～3.0mm。子囊壳密生于子座表面，狭卵形，(300～320)μm×(110～140)μm。子囊细长，粗3.5～4.0μm，长约100μm。孢子(未成熟者)线形，有多数横隔，粗达1μm。

夏秋生于林下枯枝落叶层及土壤中鳞翅目虫蛹或幼虫上。

图6-1. 2010年5月29日。上顶峰公路边地上，海拔185m。挖出后形态。

图6-2. 2010年5月30日。上顶峰公路边地上，海拔200m。挖出后形态。

图6-3. 2010年5月30日。游泳池边树林中。挖出后形态。

6. 蜂头虫草

Cordyceps sphecocephala (Kl.)Sacc.

子座单根，从寄主胸部长出，高4～11cm，淡黄色至橙黄色。头部棒形。子囊壳埋生于子座内，椭圆形，(320～640)μm×(192～256)μm，孔口稍外露出子座上。子囊袋形至圆柱形，(140～210)μm×(4～7)μm。孢子大多数在子囊内已经断裂成(7～14)μm×(1.0～1.5)μm的小段。

生于黄蜂的成虫上。

麦角菌科 Clavicipitaceae

图7. 2010年5月31日。独田。挖出后形态,虫体已损坏。

麦角菌科 Clavicipitaceae

7. 蛹虫草

Cordyceps militaris (L.)Link.

子座单根,从寄主蛹体顶端发出,长2.7～10.0cm,粗2.8～5.5mm,黄色至橙黄色,不分枝。头部棒形,长0.8～3.0cm,粗3.3～6.0mm,黄色,顶端钝圆,无不育顶端,子囊壳半埋生,粗棒形,外露部分近锥形,棕褐色,(500～1089)μm×(132～264)μm。子囊蠕虫状,(142～574)μm×(4～6)μm,内含8个单行排列的孢子。孢子线形,断裂为(2～4)μm×1μm的小段。寄主虫蛹的外表被密结的白色菌丝缠绕,并将子座柄基处也套上。

生于阔叶林及混交林地上或树皮缝内的鳞翅目虫蛹上。

炭角菌目 Xylariales

图8-1. 2008年11月3日。巡检坪。

图8-2. 2009年5月15日。游泳池附近树林中。

8. 截头炭团菌

Hypoxylon annulatum (Schw.) Mont.

子实体小，子座半球形至瘤状，直径3～4mm，黑色，炭质。子囊壳近球形，直径0.5～0.8mm，顶部平截，其中央有疣状孔口，略突起。子囊棒形至圆柱形，(75～100) μm×(4.0～5.5) μm，内藏8个孢子，单行排列，无色。子囊孢子不等边椭圆形，(8.5～11.0) μm×(4～5) μm，光滑，深褐色，未成熟时黄色。

群生于阔叶林中腐木上。

图9-1. 2009年10月10日。进入石门塘路口附近溪流边林中。

图9-2. 2010年1月2日。宿舍旁树上。郑毅、魏绍巍摄。

图9-3. 扣状炭角菌头部剖开后剖面形态，可见皮壳内侧黑色球形子囊壳。

9. 扣状炭角菌

Xylaria fibula Mass.

　　子座单根，高2.5～5.0cm。头部近头状或卵形，直径1.0～1.5cm，表面全黑色，炭质，光滑，内部白色，木栓质，变空。菌柄与头部同色，长0.5～1.0cm，粗3～6mm。子囊壳埋生于皮壳的内侧，球形，直径544～960μm，孔口不显著。子囊未见。子囊孢子不等边梭形，(18～30)μm×(6.5～9.3)μm，光滑，茶褐色。
　　生于阔叶林中腐木上。

图10-1. 2009年4月17日。宿舍边树干上。幼菌。

图10-2. 2009年6月18日。宿舍边树干上。老菌。

图10-3. 2009年6月18日。宿舍边树干上。老菌。

炭角菌科 Xylariaceae

10. 短柄炭角菌

Xylaria castorea Berk.

子座单根，短小，高1.3～3.8cm。下部缩小成短柄。头部椭圆形、卵圆形或棒形，长10～15mm，粗4～7mm，顶端钝圆，整个头部均有子囊壳，表面幼时灰白色，老后灰黑色，上有裂纹，内部白色，充实。子囊壳埋生于子座内，近球形至宽卵形，直径400～530μm，有疣状孔口。子囊长圆柱形，成熟后子囊壁消失，有孢子部分(53～63)μm×(5～7)μm，孢子8个，单行排列。子囊孢子不等边椭圆形或小舟形，(8.8～11.5)μm×(4.0～4.8)μm，暗褐色。侧丝细长，无色。

生于阔叶林中腐木上。

图11-1. 2010年5月30日。上顶峰公路边地上。

炭角菌科 Xylariaceae

图11-2. 图11-1中菌体挖出后形态。可见地下根状部分。

图11-3. 2010年5月31日。上顶峰公路边地上。

11. 掌形炭角菌

Xylaria sp.

  子座扁平舌状，肉质，长4～7cm，宽2.5～3.5cm，厚0.5～0.7cm，褐色带黑色斑，光滑；在地下部分根状，长达7cm。子囊壳埋生于子座表面，球形，子囊及子囊孢子尚未成熟。

  夏季单生于林中沙质地上。

盘菌纲 Discomycetes
柔膜菌目 Helotiales

图12-1. 2009年7月12日。菜地边林中。

图12-2. 2009年7月12日。菜地边林中。

12. 橘色层杯菌

Hymenoscyphus serotinus (Pers.) Phill.

子囊盘1～6mm，浅圆盘形，有柄，橘黄色至橘红色，柄长0.5～3.0mm，粗0.1～0.5mm，向下渐细，乳黄色。子囊近棒形，(126～155)μm×(9～13)μm，内有8个子囊孢子，无色。子囊孢子镰刀形至梭形，无隔膜，(25～38)(45)μm×(4～5)μm，无色至浅黄色，双行排列成螺旋状，孢子内含多个油球。侧丝丝状，粗1.6～1.8μm，不分枝，无隔膜。

散生于林中枯枝上。

锤舌菌科 Leotiaceae

盘菌目 Pezizales

肉盘菌科 Sarcosomataceae

图13-1. 2009年4月15日。菜地边林中。雷宇摄。

图13-2. 2009年4月15日。菜地边林中。子囊盘盘面。雷宇摄。

13. 爪哇盔盘菌

Galiella javanica (Rehm. in Henn.) Nannf. et Korf

子囊盘陀螺形,宽3~5cm,高4~6cm,内部胶质,外侧被烟黑色绒毛。子囊长圆柱形,(450~560)μm×(18~22)μm,内有8个子囊孢子,单行排列。子囊孢子椭圆形至长椭圆形,无隔膜,(26~39)μm×(11~15)μm,有细疣,无色至浅黄色。侧丝多,丝状,略长于子囊,无色。

散生或群生于阔叶林中腐木上。

图14-1. 2009年6月19日。上游泳池瀑布边石梯上。

图14-2. 2009年6月19日。上游泳池瀑布边石梯上。挖出后形态。

马鞍菌科 Helvellaceae

14. 小马鞍菌

Helvella pulla Holmsk:Fr.

子实体小。菌盖直径0.5～1.0cm，马鞍形，浅褐灰色，子实层面光滑，子实层背面有绒毛。菌柄长1.3～3.3cm，粗0.10～0.18cm，柱形，浅褐灰白色，密生绒毛。子囊圆筒形，子囊宽约12μm，内具8个子囊孢子，孢子直线排列，宽椭圆形，非淀粉质，(12～18)(20)μm×(9～11)μm。

夏、秋季散生于林中地上。

担子菌亚门 Basidiomycotina
层菌纲 Hymenomycetes
银耳目 Tremellales

银耳科 Tremellaceae

图15-1. 2008年11月5日。上游泳池瀑布边。

图15-2. 2008年11月5日。上游泳池瀑布边。

15. 银耳

Tremella fuciformis B.

担子果纯白色，透明，干时带黄色，遇湿能恢复原状，黏滑，胶质，由薄而卷曲的瓣片组成。有隔担子宽卵形，$(8～11)\mu m \times (5～7)\mu m$，有2～4个斜隔膜，无色，小梗生于顶部，常弯曲，长2～5μm，无色。孢子近球形，直径5～7μm，光滑，无色。菌丝无色，粗约3.5μm。有锁状联合。

生于阔叶树的腐木上。

木耳目 Auriculariales

图16-1. 2008年11月3日。巡检坪。

图16-2. 2008年11月3日。巡检坪。

16. 毛木耳

Auricularia polytricha (Mont.) Sacc.

担子果具菌盖，浅杯形至耳状、贝形，宽2~15cm，韧胶质，干时近角质，硬而韧。子实层体粉红色至棕红色，干时黑红色。子实层背面污白色至黄褐色或粉红色，密被毛。有隔担子圆柱形，(32~40) μm×(4~6) μm，有3个横隔和3个小梗，小梗长(12~15) μm×(1~2) μm。孢子弯，柱形，(10~12) μm×(4~6) μm，光滑，无色，非淀粉质，有锁状联合。

群生或叠生于阔叶林中腐木及腐树皮上。

花耳目 Dacrymycetales

花耳科 Dacrymycetaceae

图17-1. 2009年4月18日。菜地边林中。雷宇摄。

图17-2. 2010年4月24日。独田。

图17-3. 2010年4月24日。独田。

17. 胶角耳

Calocera cornea (Batsch) Fr.

担子果单根，不分枝或分叉，高5～10mm，粗0.7～1.1mm，胶质，光滑，橙黄色至黄色，稍扁，顶端尖。菌丝有锁状联合。担子顶端分叉，孢子长方形或肾形，最初无隔膜，后有1个横隔，(7～10)μm×(3.2～4.0)μm，无色至微黄色。

群生于混交林和阔叶林中阔叶树的腐木上。

非褶菌目 Aphyllophorales

图18-1. 2010年4月24日。独田。

图18-2. 2010年4月24日。独田。

图18-3. 2010年4月24日。上顶峰公路边，海拔335m。

柄杯菌科 Podoscyphaceae

18. 漏斗形波边革菌

Cymatoderma infundibuliforme (Kl.)Boid.

担子果革质，有柄。菌盖漏斗形至扇形，宽4～15cm，灰白色和橙褐灰色相间，子实层有辐射状褶棱和小疣。菌柄近圆柱形的不规则形状，偏生至侧生，(1～4)cm×(0.8～2.5)cm，密被灰褐色的毡状绒毛。担子棒形至不规则形，4个孢子，小梗直立。孢子近梨形至椭圆形，(6～7)μm×(4.0～4.5)μm，淡褐色至近无色，非淀粉质。

生于阔叶树的腐木上。

图18-4. 图18-3的背面形态。　图18-5. 图18-3的正面局部放大。

柄杯菌科 Podoscyphaceae

图18-6. 2009年7月20日。

图19-1. 2008年11月6日。上山土公路边。

图19-2. 图19-1的背面形态。

革菌科 Thelephoraceae

19. 莲座革菌

Thelephora vialis Schw.

担子果宽3.5～6.0cm，高4～7cm，革质，漏斗形，中部层叠成莲座状，菌盖匙形至扇形，边缘有些分裂成小瓣，上表灰黄色至淡黄褐色，基部紫黑色，有辐射状皱纹和纤毛，下表紫色至灰褐色，有细皱纹和瘤突，子实层体多生于此表面，也可发生于上表面，但孢子数量较少。担子棒形，(15～24)μm×(5～7)μm，2～4个孢子。孢子近球形，直径6～7μm，有小瘤，淡青灰色至浅黄色，非淀粉质。

散生或群生于阔叶林或混交林中地上。

图19-3. 2009年6月19日。菜地边林中。

革菌科 Thelephoraceae

图19-4. 图19-3的背面形态。

图20. 2009年6月21日。石门塘附近路中间地上。

革菌科 Thelephoraceae

20. 帚状黄革菌
Thelephora amboinensis Lév.

子实体丛生，刺猬状，软革质，有绒毛，从基部分枝成丛，高3～6cm，枝顶尖锐，初期灰白色，后为褐色，干时色更暗。子实层生枝端表面。孢子浅褐色，近球形，多瘤突，直径6～8μm，非淀粉质。

群生于林中地上。

革菌科 Thelephoraceae

图21-1. 2010年5月30日。

图21-2. 挖出后形态。

21. 小草菌

Thelephora penicillata (Pers.)Fr.

子实体散生、丛生，软革质，扫帚状，高2～5cm，瓣片细裂状，青灰色。散生于林中地上。

图22-1. 2010年4月23日。瀑布边石梯附近。

22. 小孢白枝瑚菌

Ramaria flaccida (Fr.) Ricken

担子果多分枝，高2.0～5.5cm，米黄色，尖端黄色叉状。孢子浅黄色至近无色，长椭圆形，有小凸疣，(7.4～9.0)μm×(4.0～4.9)μm，内有1个至数个小油球。

群生于阔叶林中腐木、枯枝及落果上。

珊瑚菌科 **Clavariaceae**

图22-2. 挖出后形态。

图23-1. 2009年7月23日。登顶峰途中，海拔795m。

图23-2. 2009年7月23日。登顶峰途中，海拔795m。

图23-3. 挖出后两株菌的形态。

珊瑚菌科 Clavariaceae

23. 橘色枝瑚菌
Ramaria sp.

担子果较大，高5～8cm，橘黄色至橘红色，顶端2～3个分枝，鲜黄色。担子棒形，宽5μm，4个孢子，小梗长达4μm。孢子长卵圆形，有尖突，表面布有较多的锥状刺突，(8.8～12.0)μm×(5.2～6.0)μm，内有1～2个油球。

散生于阔叶林中地上。

图24-1. 2009年6月21日。上石门塘途中。

图24-2. 2009年6月21日。上石门塘途中。闪光灯开。

珊瑚菌科 Clavariaceae

24. 冠锁瑚菌

Clavulina cristata (Fr.) Schroet.

  子实体群生或丛生。多分枝，高2.5～6.5cm，白色至浅褐色，枝多扁平，有柄。菌肉近无色，有锁状联合。担子棒形，宽5～10μm，1～2梗，小梗长达7～8μm。孢子近球形，有尖突，(6.0～8.0)μm×(4.8～7.0)μm，光滑，无色，非淀粉质。

  群生于阔叶林中地上枯枝落叶层中。

图25-1. 2009年6月19日。瀑布边石梯附近。闪光灯开。

25. 灰色拟锁瑚菌
Clavulinopsis sp.

担子果单根，高8cm，粗0.4cm，灰褐色，有茸毛，圆柱形，顶端钝圆。孢子近球形，有尖突，(9.0～12.0) μm×(7.8～9.0) μm，内含1～3个油球，光滑，非淀粉质。

单生于阔叶林中地上。

珊瑚菌科 **Clavariaceae**

图25-2. 挖出后形态。闪光灯开。

图26-1. 2009年10月10日。上山土公路边。

26. 艾特类小齿菌

Mycoleptodonoides aitchisonii (B.)Mass.

菌盖无柄，扇形，长2～5cm，宽2.0～3.5cm，淡黄色，被绒毛或纤毛，边缘撕裂，肉质。菌齿黄白色，长3～4mm。单型菌丝系统，生殖菌丝薄壁，粗2～5μm，分枝，锁状联合未见。无囊状体。担子棒形，（12～15）μm×（4～5）μm，4个孢子。孢子椭圆形，（4.0～5.0）μm×（2.0～2.5）μm，光滑，无色，非淀粉质至弱淀粉质。

叠生于阔叶树的腐木上。

猴头菌科 Hericiaceae

图26-2. 齿面形态。

图26-3. 挖出后菌盖表面。

图27-1. 2010年5月30日。上山土公路边林中，海拔185m。

图27-2. 图27-1的背面形态。

灵芝科 Ganodermataceae

27. 紫芝

Ganoderma sinense Zhao, Xu et Zhang

子实体1年生。担子果具柄，木栓质。菌盖近圆形、半圆形、肾形，12～20cm，厚1～2cm，表面紫黑色至近黑色或紫褐色，有似漆样光泽，有环纹和沟纹及辐射状皱纹。菌管表面淡白色；菌孔圆形，每毫米5～6个；菌管淡白色，长3～10mm。菌柄偏生、背侧生至近背生，近圆柱形，黑褐色，有似漆样光泽。孢子卵形至宽椭圆形，(9～11)μm×(6～7)μm，一端平截，外壁透明无色，内壁具小刺，褐色，非淀粉质。

生于阔叶树的腐木上及靠近树干基部地上。

图28-1. 2009年6月19日。　　图28-2. 图28-1的菌管面。

图28-3. 2009年6月19日。

图28-4. 图28-3的菌管面。

28. 喜热灵芝

Ganoderma calidophilum Zhao, Xu et Zhang

担子果具柄，木栓质。菌盖近圆形、半圆形至近扇形，长4.0～8.5cm，宽3～6cm，近柄处厚6～15mm，边缘钝至呈截形，表面红褐色至橙褐色，有似漆样光泽，有环纹和沟纹及辐射状皱纹。菌管表面灰黑微带青绿色，伤变褐色；菌孔圆形，每毫米5～6个；菌管木褐色，长3～8mm。菌柄偏生、背侧生至近背生，近圆柱形，常扭曲，黑褐色，有比菌盖更强的似漆样光泽。孢子卵形至宽椭圆形，$(10～12)(13)\mu m \times (6～9)\mu m$，有时一端平截，外壁透明无色，内壁具小瘤，褐色，非淀粉质。

生于阔叶树的腐木上及靠近树干基部地上。

灵芝科 Ganodermataceae

图29-1. 2009年6月21日。上石门塘途中，海拔425m。

图29-2. 管面受伤后变红。

图29-3. 2010年5月30日。上山土公路边，海拔198m。

图29-4. 管面受伤后变红褐色。

灵芝科 Ganodermataceae

29. 假芝

Amauroderma rugosum (Bl. et Nees) Bres.

担子果有柄。菌盖圆形至近圆形，宽6~9cm，厚0.7~1.3cm，有时近柄处厚1.7cm，灰褐色至黑色，被短绒毛，有不规则皱纹，边缘薄或钝。具皮壳。菌管表面白色，伤变黑色，或先变血红色，后再变为黑色。菌孔圆形，每毫米5~6个。菌柄中生至偏生或侧生，近圆柱形，常扭曲，长5~9cm，近柄顶处粗12~24mm，近黑色，被锈褐色短绒毛。菌肉白色至淡褐色。担子棒形，(24~30)μm×(8~10)μm。孢子宽椭圆形，(9~12)μm×(7~9)μm，外壁光滑，无色，内壁具不明显小刺或近光滑，淡褐色至近无色。

单生或散生于林中地上或地下腐木上。

图30-1. 2008年11月15日。　　图30-2. 2008年11月12日。独田。

图30-3. 2010年5月30日。上山土公路边山坡上。

图30-4. 图30-3的菌管面。

30. 肉桂色集毛菌

Coltricia cinnamomea (Jacq.:Fr) Murr.

担子果有柄,革质。菌盖扁平形至近漏斗形或浅漏斗形,宽2.5~3.0cm,淡赤褐色,有时微带红色,有不明显的环带,有光泽及辐射状纤毛,近中部处纤毛有时直立,边缘薄、锐。菌柄中生,圆柱形,与菌盖同色,有细绒毛,长1.5~3.0cm,粗1~3mm。菌肉与菌盖同色,厚不及1mm。菌管长约1mm;管口色较菌盖稍深,多角形,每毫米2~4个,近柄处常较宽。孢子略厚壁,宽椭圆形,(5.0)(6.0~7.5)μm×(3.5)(4.0~5.0)μm,光滑,无色至微黄色,非淀粉质。

生于林中地上,常与苔藓生在一起。

刺革菌科　Hymenochaetaceae

图31-1. 2010年4月23日。上山土公路边山坡上。

图31-2. 时间地点同图31-1。

31. 小集毛菌

Coltricia pusilla Imazeki et Y.Kobayasi

担子果有柄,革质。菌盖圆形、勺形或不规则,菌盖直径0.5~1.5cm,厚1.0~1.5mm,暗褐色,被纤毛,有丝绢光泽,有环纹。菌管表面淡褐色,菌孔圆形至角形,每毫米2~3个;菌管长1mm以下。菌柄偏生至侧生罕中生,长约1cm,与菌盖同色。孢子卵形至椭圆形淡黄褐色,有微疣,不平滑,(7.0~8.5)μm×(4.5~6.0)μm,非淀粉质。

簇生于混交林中地上,与苔藓生在一起。

刺革菌科 Hymenochaetaceae

图31-3. 2008年11月6日。

图31-4. 图31-3的菌管面。

图32. 2010年5月31日。上山土公路边山坡上，海拔300m。

刺革菌科 Hymenochaetaceae

32. 多年生集毛菌

Coltricia perennis (L.:Fr.) Murr.

担子果有柄，革质。菌盖圆形或不规则，中凹成漏斗形，宽1.2～5.0cm，茶褐色，被绒毛，无丝绢光泽，有环纹，边缘略下垂，革质。菌管表面褐色。菌孔圆形至角形，常破裂成迷路状，延生于柄上，每毫米2～3个，甚至只有1个。菌柄中生，(1.3～1.5)cm×1.0cm，被绒毛，与菌盖同色。菌肉淡褐色。担子棒形，(15～18)μm×(5～8)μm，2～4个孢子。孢子椭圆形至近球形，(5～7)μm×(4～5)μm，光滑，无色至浅褐色，非淀粉质。

单生或散生于阔叶林或混交林中地上。

图33-1. 2008年11月10日。上山土公路边。　　图33-2. 图33-1的菌褶面。

图33-3. 2010年4月23日。海拔180m。

图33-4. 图33-3的菌褶面。

33. 针环褶菌

Cyclomyces fuscus Kunze:Fr.

担子果无柄，革质。菌盖贝形，(1.0~2.5)cm×(1.4~1.8)cm，厚0.1~0.2cm，暗褐色，具绒毛组成的环纹，边缘波状。子实层体为同心环褶状，表面暗褐色。菌肉褐色，厚约1mm。子实层具刚毛，刚毛锥形，(21.0~46.0)μm×(4.0~4.8)μm，黄褐色。担子棒形，2个孢子，小梗直立。孢子卵圆形，(3.0~4.2)μm×(2.8~3.2)μm，光滑，无色，非淀粉质。

叠生于腐木上，引起木材白腐。

刺革菌科 Hymenochaetaceae

图34-1. 2009年7月12日。

图34-2. 2009年10月11日。

刺革菌科 Hymenochaetaceae

34. 贝形刺革菌

Hymenochaete badio-ferruginea (Mont.) Lév.

担子果平展至反卷成檐状或半圆形菌盖，革质，薄，直径0.5~3.0cm，黄褐色，后呈锈褐色，边缘薄，内卷。刚毛锥形，(48.0~82.0)μm×(6.4~13.0)μm，多，散生，红褐色。孢子近圆柱形至略弯曲，(4.0~6.0)μm×(1.5~2.0)μm，无色，非淀粉质。

生于阔叶林或混交林中落枝上。

图35-1. 2008年11月6日。

图35-2. 2008年11月6日。

刺革菌科 Hymenochaetaceae

35. 硬刺革菌

Hymenochaete cacao B.

担子果硬革质，具菌盖。菌盖扇形至半圆形，$(1.5\sim2.5)$ cm $\times$ $(1.8\sim3.7)$ cm，暗烟褐色，具不明显细绒毛，有细的同心环带，边缘尖细变薄。子实层体与菌盖表面同色或带青灰色，平滑，放大镜下有刺毛状突起，不裂，切面厚 $300\sim700$ μm，锈褐色至与菌盖同色。子实层刚毛 $(30\sim40)$ μm $\times$ $(5\sim7)$ μm，顶端尖，光滑，红褐色。孢子近椭圆形，$(3.5\sim4.5)$ μm $\times$ $(2.0\sim3.0)$ μm，光滑，无色，非淀粉质。

叠生于阔叶林中腐木上，引起褐腐。

图36. 2009年10月17日。

36. 软刺革菌

Hymenochaete sallei B. et C.

担子果平展至反卷,无柄。菌盖纸质,扇形,长0.6～2.1cm,宽0.3～1.0cm,厚300～400μm,肉桂褐色,密被毡毛状绒毛,具环纹,边缘波状。子实层体颜色与菌盖相同,但略浅,有微细的埋生于表皮之下的颗粒状突起。菌肉褐色,菌丝分布均匀,不分层,软革质,无味道。子实层有锥形、厚壁、暗褐色刚毛,(60～80)μm×(9～12)μm,突出子实层之外达30～54μm。孢子椭圆形,(3.0～4.0)μm×(1.7～3.0)μm,光滑,无色。

叠生于阔叶树的腐木上。

图37-1. 2008年12月12日。

图37-2. 2008年11月10日。

图37-3. 2009年10月10日。

刺革菌科 Hymenochaetaceae

37. 淡黄木层孔菌

Phellinus gilvus (Schw.) Pat.

担子果宽着生，常左右相连，整个遇KOH液均变黑色。菌盖扇形或半圆形，长可达12.5cm，宽可达7cm，厚4～13mm，锈黄色、栗褐色、暗褐色或棕红色，被粗毛和颗粒疣，具不明显的环纹，边缘薄而锐。菌管表面锈色、锈黄色至红褐色；菌孔圆形至角形，每毫米5～6(8)个；菌管分层或不分层，总长度可达11mm。菌肉纤维质，疏松，锈黄色，厚3～4mm。子实层刚毛锥形，(25～33)μm×(4～6)μm，暗褐色。担子棒形，(12～15)μm×(4～5)μm，4个担孢子。孢子椭圆形，(4.5～6.0)μm×(2.5～3.5)μm，光滑，无色，非淀粉质。

叠生于阔叶树上。

图38-1. 2010年5月31日。

图38-2. 2008年11月6日。带灰紫色。

图38-3. 2009年5月15日。

38. 洁粉孢菌

Amylosporus campbellii (B.)Ryv.

担子果近无柄或具短柄，菌柄如存在时为侧生，黄褐色，长可达3cm。菌盖长可达8cm，宽可达12cm，厚3～4mm，扇形，中部下凹，多为黄褐色至橙褐色，中央色较深，光滑，边缘瓣状。菌管表面灰白色至灰黄色，伤时变黄褐色；菌孔圆形，每毫米3～4个或更少，有时成迷路状；菌管黄褐色，长1～2mm。菌肉白色。孢子椭圆形至宽椭圆形，$(4.0～5.0)\mu m \times (3.0～3.5)\mu m$，具微弱小疣，特别在Melzer氏液中更为明显，无色，淀粉质。

单生或群生于阔叶树的木材上。

多孔菌科 Polyporaceae

多孔菌科 Polyporaceae

图38-4. 2009年5月15日。

图38-5. 2009年5月15日。具有很长的柄。

图38-6. 2009年6月21日。

图38-7. 2009年6月21日。

图38-8. 2009年7月23日。

图38-9. 2010年4月23日。

图38-10. 2010年5月31日。深褐色。

图38-11. 2008年11月12日。浅黄色。

多孔菌科 Polyporaceae

图39-1. 2008年11月11日。

图39-2. 2008年11月11日。

多孔菌科 Polyporaceae

39. 漆柄小孔菌

Microporus vernicipes (B.) Ktz.

担子果具侧生短柄至几无柄。菌盖长2～7cm，宽1.5～4.5cm，扇形、匙形至半圆形，黄褐色、褐色至暗褐色，具狭而密的同心环纹和辐射状皱纹。菌盖边缘下侧无子实层，光滑无附属物。菌柄通常较短，扁平形至圆柱形，长5～6mm，有时几缺，有时则可长达2.4cm。黄褐色至褐色，光滑。菌管表面黄白色；菌孔圆形至近角形，每毫米6～8个；菌管与表面同色，短。菌肉白色至黄白色。孢子近圆柱形，(5.0～6.0)μm×(2.0～2.5)μm，光滑，无色，非淀粉质。

生于阔叶树的落枝或树干上。

图39-3. 2009年10月11日。

图39-4. 2008年12月12日。

多孔菌科 Polyporaceae

43

图40-1. 2009年7月21日。

图40-2. 2009年7月23日。

40. 相邻小孔菌

Microporus affinis (Bl. et Nees:Fr.) Ktz.

担子果具柄。菌盖(3.7～7.5)cm×(4.0～9.6)cm×(0.3～0.5)cm,贝壳形、平展形、扇形、半圆形,黄褐色至红褐色或黑色,老时常有黑斑,有同心环纹,嫩时有细绒毛,老时光滑,边缘波状至瓣状,有一白色圈带,其下有不育层,革质至木栓质。菌管表面白色或白带黄色;菌孔圆形,每毫米6～8个,延生于柄上。菌柄侧生,(0.8～4.0)cm×(0.2～0.5)cm。担子棒形,(12～15)μm×(3～4)μm,无色,4个孢子。孢子椭圆形,(3～5)μm×(1～2)μm,光滑,无色,非淀粉质。

群生于阔叶树的腐木上。

图40-3. 2010年4月23日。

图40-4. 2008年11月5日。

图40-5. 2009年10月9日。

多孔菌科 Polyporaceae

图40-6. 2009年10月9日。

图40-7. 2010年4月23日。

图41-1. 2008年11月13日。

图41-2. 背（管）面和侧面。

41. 黄柄小孔菌

Microporus xanthopus (Fr.) Pat.

  担子果具中生至偏生菌柄。菌盖长3.5～5.5(10)cm，宽2.5～6.0cm，半圆形、近圆形，常卷成漏斗形，红棕色、褐色、暗褐色至近黑色，有光泽，光滑无附属物，有辐射状线条和皱纹，具狭窄的同心环纹，边缘波状或完整，色常较浅，其下有一狭窄的不育层。菌柄圆柱形，长1.5～2.0cm，近柄顶处粗4～5mm，淡黄色，光滑无附属物，基部常成一圆形小盘状而附着于基物上。菌管表面白色，干后带褐色；菌孔圆形，每毫米5～6个或7～8个；菌管与表面同色，极短。菌肉白色。孢子圆柱形至椭圆形，(5.5～7.0)μm×(2.0～2.5)μm，光滑，无色，非淀粉质。

  生于阔叶树上，引起木材白腐。

多孔菌科 Polyporaceae

图42-1. 2009年5月13日。独田。菌盖正面。

图42-2. 菌盖侧面。

图42-3. 背面（菌管面）。

42. 棱盖多孔菌（射纹树掌）

Polyporus grammocephalus B.

担子果无柄或具侧生短柄。菌盖圆形至肾形，(3~12)cm×(4~20)cm，厚1.5~7.0mm，新鲜时半肉质，浅白色至浅黄色，干后渐变为茶褐色至栗褐色，光滑，有许多成辐射状、贴生的线状纹，边缘波浪状或瓣裂。菌肉近白色，厚1~6mm。菌管表面白色，干后浅黄色或稻草黄色；菌孔近圆形至角形，每毫米(2)5~6个，管孔延生；菌管颜色比表面略暗，长1~3mm。担子棒形，(14~17)μm×(5~7)μm，4个孢子。孢子近圆柱形，有歪尖，(4.5~7.0)μm×(2.0~3.0)μm，光滑，无色，非淀粉质。

生于阔叶树上，引起木材白腐。

图43-1. 2009年6月19日。

图43-2. 2009年6月19日。

图43-3. 2009年6月19日。菌盖正面和背面。

43. 漏斗多孔菌（漏斗棱孔菌）

Polyporus arcularius Batsch:Fr.

担子果具柄。菌盖宽1～5cm，平展至中央脐凹呈浅漏斗形，灰褐色，被暗色刺毛。菌管表面黄色或白色；菌孔角形，每毫米1～3个。菌柄中生，(7.0～20.0)mm×(1.5～2.5)mm，有褐色微细绒毛。菌肉白色，薄。孢子长椭圆形，(6～9)μm×(2～3)μm，光滑，无色，非淀粉质。

单生、散生或群生于阔叶树的腐木上。

多孔菌科 Polyporaceae

多孔菌科 Polyporaceae

图44. 2009年5月31日。

44. 大孔菌

Favolus alveolaris (DC.:Fr.) Quél.

菌盖肾形至扇形，具侧生短柄，(3～6)cm×(4～10)cm，浅朽叶色，被纤毛组成的小鳞片，后期近白色，几乎光滑，边缘薄，常内卷。菌肉白色。菌管近白色或浅黄色，管口多角形，辐射状排列，长1～3mm。管壁薄。孢子圆柱形，(9～11)μm×3μm。

单生、散生或群生于阔叶树的腐木上。

图45-1. 2009年10月10日。停车场进石门塘入口。菌盖正面。

图45-2. 菌管面。

45. 硫磺菌（硫色绚孔菌）

Laetiporus sulphureus (Fr.) Murr.

担子果无柄。菌盖(6.0～13.0)cm×(6.0～10.0)cm×(0.7～1.8)cm，扇形或半圆形，浅橙红色，老后变白，表面凸凹不平，似有一层薄粉覆盖在上面，有皱纹，无环带，边缘波状至瓣裂。覆瓦状排列，肉质，多汁，干后轻而脆。菌肉浅粉橙红色。菌管表面鲜黄色至淡黄色；菌孔角形，每毫米2～4个。孢子近圆形，(4.8～6.0)μm×(3.0～4.5)μm，无色，非淀粉质。

生于腐木上。

多孔菌科 Polyporaceae

多孔菌科 Polyporaceae

图45-3. 2009年10月11日。上游泳池途中瀑布边。

图46-1. 2009年4月23日。菌盖正面。

图46-2. 菌盖背面。

46. 冷杉近毛菌

Trichaptum abietinus (Dicks.:Fr.) Ryv.

担子果无柄。菌盖长1～2cm，宽0.5～1.2cm，扇形、贝形，革质，灰白色至白微带褐色，边缘带紫色，被绒毛，具同心环纹，常有绿藻生于其上，故表面常带绿色，密被绒毛。菌管表面淡褐色或淡紫色至紫褐色。菌孔角形，常破裂成齿耙状，每毫米2～3个。菌肉白色，薄。孢子圆柱形至腊肠形，(4.0～7.0)μm×(1.5～3.5)μm，光滑，无色，非淀粉质。

叠生于混交林中马尾松的腐树桩上。

图46-3. 叠生于马尾松腐树桩上。

多孔菌科 Polyporaceae

图47-1. 2008年11月13日。上石门塘途中，海拔430m。

47. 朱红密孔菌

Pycnoporus cinnabarinus (Jacq.:Fr.) Karst.

担子果无柄或具短柄。菌盖长0.8～2.6cm，宽1.4～4cm，厚1～5mm，肾形至贝形，革质，橙色、橙红色至朱红色，被绒毛，表面不平坦或有小疣突，离边缘0.5cm处具颜色深浅不一的环带，干时易弯。菌管表面红褐色至赤红色，菌孔圆形至角形，每毫米5～6个。菌肉与菌盖同色，薄。孢子矩圆柱形至矩圆形，有尖突，(5.0～6.0)μm×(2.0～2.5)μm，光滑，无色，非淀粉质。

群生于阔叶树或马尾松的腐木上。

多孔菌科 Polyporaceae

图47-2. 2008年11月13日。菌管面。

图47-3. 2010年4月23日。上山土公路边，海拔189m。

图47-4. 时间地点同图47-3。

图47-5. 图47-4的局部。示裂成齿状的菌管。

图47-6. 2010年4月23日。管理处外公路边，海拔175m。

图47-7. 图47-6的菌管面。

多孔菌科 Polyporaceae

图48-1. 2008年11月3日。巡检坪。幼菌。

图48-2. 2008年11月3日。巡检坪。成熟时。

多孔菌科 Polyporaceae

48. 血红密孔菌

Pycnoporus sanguineus (Fr.) Murr.

担子果有柄或无柄。菌盖长1.0～9.5cm，宽1～14cm，厚2～5mm，贝形、半圆形、扇形或蹄形，鲜红色、朱红色、红带橙色至橙红色，有时初有短绒毛，但很快变为光滑。菌管表面鲜红带橙色；菌孔圆形至角形，每毫米3～4个。菌肉白色或淡红色至粉红色，厚2～4mm。孢子椭圆形至肾形，(4.0～6.0)μm×(2.5～3.0)μm，光滑，无色，非淀粉质。

散生、群生或叠生于阔叶树的腐木上或菇木上。

图48-3. 2008年11月3日。巡检坪。

图48-4. 背面（菌管面）。

多孔菌科 Polyporaceae

多孔菌科 Polyporaceae

图49-1. 2008年11月3日。巡检坪。幼嫩时菌盖正面。

图49-2. 稍成熟时菌盖正面。

图49-3. 侧面，示假菌褶。幼菌。

图49-4. 菌盖背面，示假菌褶。幼菌。

49. 桦革裥菌

Lenzites betulina L. :Fr.

担子果无柄。菌盖长1.5～3.5cm，宽1.5～2.0cm，厚0.5～1.0cm，扇形，黄褐色至灰褐色，密被绒毛，具狭而密环纹和辐射状皱纹，革质。假菌褶辐射状，每毫米1～2片，土黄色。菌肉白色。担子棒形，$(14.0～15.0)\mu m \times (4.5～6.0)\mu m$，4个孢子。孢子卵形至长椭圆形，$(5～6)\mu m \times (2～3)\mu m$，光滑，无色，非淀粉质。

叠生于阔叶树的腐木上，也生于马尾松的树桩上。

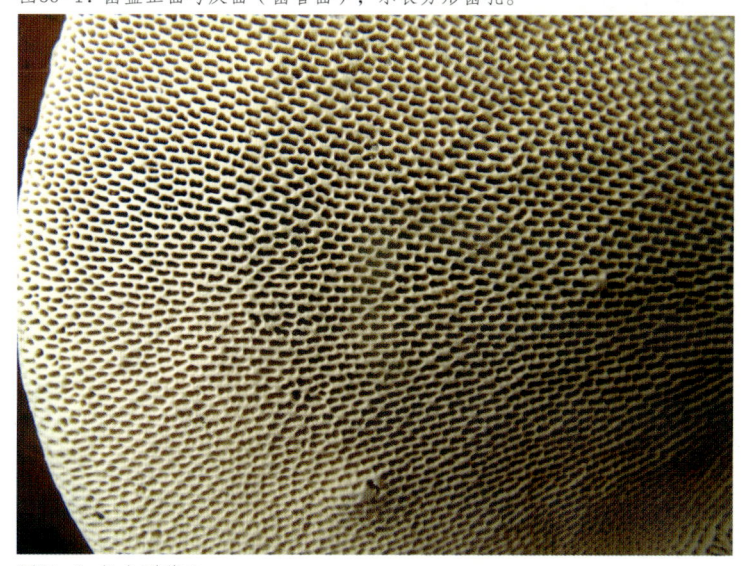

图50-1. 菌盖正面与反面（菌管面），示长方形菌孔。

图50-2. 长方形菌孔。

多孔菌科 Polyporaceae

50. 偏肿栓菌

Trametes gibbosa (Pers.:Fr.) Fr.

  担子果无柄，半圆形，木栓质。菌盖长3.0～9.0cm，宽2.1～4.2cm，厚0.3～0.6cm，初呈白色，后表面可带绿色、褐色等色，有宽棱纹及细绒毛，边缘厚钝，下无子实层。菌管表面白色，管壁厚，菌孔近方形或迷路状，辐射状排列。孢子圆柱形，基部有一歪尖，5.0μm×2.5μm，光滑，无色，非淀粉质。

  单生或叠生于阔叶树的腐木上。

图50-3. 2009年7月15日。独田。自然生长状态菌盖正面。

图50-4. 图50-3中菌盖反面,示迷路型菌管。

图50-5. 2010年4月23日。公路边,海拔178m。

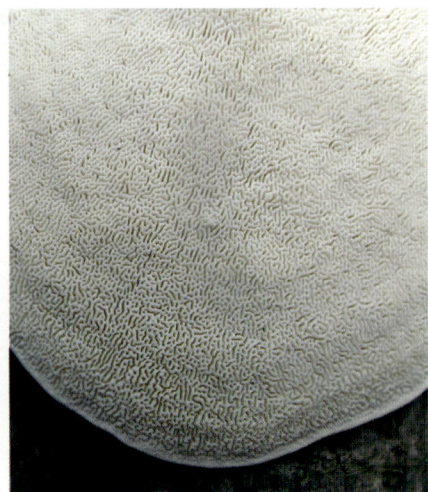

图50-6. 图50-5的菌盖反面,示迷路型菌管。

图51-1. 2008年11月12日。

图51-2. 2008年11月13日。

多孔菌科 Polyporaceae

51. 米勒栓菌

Trametes muelleri B.

担子果无柄，革质，易弯。菌盖长2.0~4.8cm，宽2~11cm，厚4.5~8.5mm，扇形至近扇形，蛋壳色，有极细的绒毛至近光滑，具同心环纹。菌管表面浅灰褐色，菌孔角形至近圆形，每毫米4~5个；菌管与表面同色，长2~4mm。菌肉蛋壳色。孢子椭圆形，(5.0~6.0)μm×(3.0~3.5)μm，光滑，无色，非淀粉质。
叠生于阔叶树的腐木上。

图51-3. 2009年10月10日。

多孔菌科 Polyporaceae

62

图51-4. 菌管面。

图51-5. 2009年10月10日。

图52-1. 2008年11月3日。巡检坪。

52. 彩绒栓菌（云芝）

Trametes versicolor (Fr.) Pil

担子果无柄，平展反卷。菌盖半圆形至贝形，具灰白色、灰黑色、黄褐色、黑白色相间等多种颜色，被绒毛，绒毛常具丝绢光泽，具同心环纹，边缘波状，常瓣裂。菌管表面白色、浅黄色至乳黄色；菌孔圆形至角形，每毫米2～5个；菌管极短。菌肉白色，厚1.0～1.5mm。担子棒形，(9.0～13.0)μm×(3.2～4.5)μm，2～4个孢子，小梗直立，长约3μm。孢子椭圆形至腊肠形，(4.0～7.0)μm×(1.5～2.5)μm，光滑，无色，非淀粉质。

生于阔叶树的腐木上。

多孔菌科 Polyporaceae

图52-2. 2008年11月3日。巡检坪。

图52-3. 2008年11月12日。独田。

图52-4. 2009年10月11日。

多孔菌科 Polyporaceae

图53-1. 2010年4月23日。上石门塘途中，海拔400m。

图53-2. 2009年10月10日。上石门塘途中，海拔400m。

图53-3. 背面褶状子实层。

53. 篱边黏褶菌

Gloeophyllum sepiarium (Wulf.:Fr.) Karst.

担子果无柄。菌盖长1.0～3.5cm，宽1.5～2.5cm，厚0.3～0.8cm，扇形至不规则形，革质至软木质，橙红色、黄褐色、黄锈色至褐色，被毡状短绒毛，后渐变光滑。假菌褶橘黄色、锈黄色至黄褐色。菌肉锈红色、橙黄色至黄褐色，厚3～8mm。囊状体棒形，(18.0～24.0)μm×(3.5～8.0)μm，顶端被结晶体。担子棒形，(12～36)μm×(4～7)μm。孢子圆柱形至狭椭圆形，(9.0～12.0)μm×(3.5～5.0)μm，光滑，无色，非淀粉质。

单生或叠生于马尾松的腐木上。

多孔菌科 Polyporaceae

图54. 2009年10月9日。独田。

54. 薄黑孔菌

Nigroporus vinosus (B.) Murr.

担子果无柄。菌盖长3.3～6.0cm，宽2～4cm，厚3.0～6.5mm，贝形或半圆形至扇形，灰褐色至淡紫褐色，被细而短的绒毛，有同心环纹。菌管表面褐色至粉白带紫色，边缘有狭窄的不育层；菌孔圆形，每毫米6～8（10）个。菌管褐色。菌肉褐色至紫褐色。孢子圆柱形至腊肠形，$(3.0～4.0)(5.0)\mu m \times (1.0～1.5) \mu m$，光滑，无色。

生于阔叶树上，引起木材白腐。

图55-1. 2010年5月31日。独田。

图55-2. 2009年10月10日。成熟子实体。

55. 松生拟层孔菌

Fomitopsis pinicola (Swart.:Fr.) Karst.

担子果无柄。菌盖长5~17cm，宽4~11cm，厚2.5~6.0cm，蹄形，略扁平，初近白色、后变淡黄色、最终成为红色至红褐色的胶状皮壳，随着其逐渐硬化而变成灰色至黑色，边缘钝，其下无子实层。菌管表面白色至微黄色，后变成淡黄色；菌孔圆形，每毫米4~5个，菌管淡黄色，长2~12mm。菌肉淡黄褐色至淡木色，厚7~13mm，味苦。孢子椭圆形，(4.5~7.5)μm×(2.5~3.0)μm，光滑，无色，非淀粉质。

叠生于混交林中马尾松及阔叶树的腐木上。

多孔菌科 Polyporaceae

多孔菌科 Polyporaceae

图55-3. 2008年11月13日。幼嫩时子实体为白色。

图55-4. 2009年6月21日。成熟中的子实体，边缘幼嫩时为白色。

图55-5. 2008年11月13日。老后皮壳变为红褐色或黑褐色。

图56-1. 2008年11月5日。

图56-2. 2009年7月21日。

多孔菌科 Polyporaceae

56. 红褐拟层孔菌

Fomitopsis rhodophaeus (Lév.) Imaz.

  担子果无柄。菌盖长1.8～7.0cm，宽1.6～4.0cm，厚3～4mm，扇形至近半圆形，黄白色、淡黄褐色至红褐色，被粉末状绒毛至近光滑，具同心环纹至沟纹和辐射皱纹，基部常有红褐色斑点。老标本几全变为黑色。菌管表面黄褐带白色；菌孔圆形，每毫米7～8个；菌管灰白色，后变灰褐色，长1～2mm。菌肉淡黄褐色至褐色。
  单生或叠生于阔叶树上，引起木材白腐。

图57-1. 2009年7月15日。

图57-2. 采摘下来后的形态（正面和背面子实层）。

57. 革耳

Panus rudis Fr.

菌盖宽2～9cm，中部下凹或漏斗形，革质，浅土黄色、茶色至锈褐色，有粗毛。菌褶白色至浅粉红色，延生，窄，密。菌柄中生至偏生，圆柱形，长0.5～2.0cm，实心。孢子椭圆形，(3.6～6.0)μm×(2.0～3.0)μm，光滑，无色，非淀粉质。

单生或丛生于混交林或阔叶林中腐木上。

图57-3. 2010年4月23日。管理处大门外公路边。

图57-4. 图57-3中菌体采摘后的形态（示菌柄和菌褶）。

图57-5. 2010年4月23日。管理处大门外公路边。

图57-6. 图57-5的侧面（菌柄和菌褶）。

侧耳科 Pleurotaceae

图58-1. 2009年7月20日. 上山土公路边林中。

图58-2. 图58-1的侧面。

58. 巨大香菇（大杯香菇）

Lentinus giganteus B.

菌盖宽5～26cm，漏斗形，肉质至革质，灰白带黄色至淡黄褐色，中央色稍深，潮湿时黏，有丝质绒毛，中凹部有小鳞片，边缘延伸至下垂，有弱条纹或无。菌褶白色至淡黄色，密，不等长，延生。菌柄中生至偏生，圆柱形，地上部分长4～18cm，顶部粗0.8～3.0cm，近地面处略粗，地下部分可长达10cm，向下渐细，假根状，具绒毛，实心至空心。菌肉白色，无味道，有蘑菇香味。孢子椭圆形，(6.5～10.0) μm×(5.0～7.0) μm，光滑，无色，非淀粉质。

单生或丛生于混交林或阔叶林中腐木上。

侧耳科 Pleurotaceae

图58-3. 图58-1的背面菌褶。

图58-4. 2010年5月30日。上山土公路边林中。

侧耳科 Pleurotaceae

图59-1. 2008年11月3日。巡检坪。

图59-2. 2008年11月3日。巡检坪。

图59-3. 背面裂开的菌褶。

裂褶菌科 Schizophyllaceae

59. 裂褶菌

Schizophyllum commune Fr.

菌盖宽3~20mm，扇形，灰白色至黄棕色，被绒毛或粗毛，边缘内卷，有条纹，多瓣裂。菌褶窄，从基部辐射状生出，沿中部纵裂成深沟纹，白色或灰白色，有时淡紫色。菌肉白色，韧，无味道，厚约1mm。孢子印白色。孢子椭圆形或腊肠形，(5.0~7.0)μm×(2.0~3.5)μm，光滑，无色，非淀粉质。

散生或群生、叠生于混交林或阔叶林中腐木上。

鸡油菌目 Cantharellales

图60-1. 2009年6月19日。上游泳池途中，海拔180m。幼嫩时呈纽扣状。

图60-2. 2009年6月19日。上游泳池途中。成熟时形态。

图60-3. 背面子实层形态。

图60-4. 2009年6月19日。

60. 鸡油菌

***Cantharellus cibarius* Fr.**

菌盖宽2.5～9.5cm，漏斗形，肉质，杏黄色至蛋黄色，边缘波状或瓣状，内卷。菌肉蛋黄色，稍厚。棱褶延生至菌柄部，窄而分叉或有横脉相连。菌柄长2～8cm，粗0.5～1.8cm，杏黄色，向下渐细，光滑，内实。孢子椭圆形，光滑，无色至淡黄色，椭圆形，(7.0～10.0)μm×(5.0～6.5)μm，非淀粉质，有一个中生大油球。味道鲜美，具浓郁的水果香味。

单生、散生或群生于混交林或阔叶林中地上。

鸡油菌科 Cantharellaceae

图61-1. 2009年4月15日。雷宇摄。

图61-2. 2009年4月15日。雷宇摄。

图61-3. 背面子实层形态。雷宇摄。

鸡油菌科 Cantharellaceae

61. 灰褐鸡油菌

Cantharellus cinereus Fr.

子实体较小，呈喇叭状。菌盖直径3～5cm，表面灰褐色至暗褐色，与菌柄相连，薄，粗糙，边缘往往呈波状。菌肉薄。菌柄长3～4cm，粗5～8mm，管状，向下渐细，与菌盖同色，光滑，空心。孢子椭圆形，$(7.5～10.0)\mu m \times (5.5～6.0)\mu m$，光滑或微有粗糙，非淀粉质。

群生或近丛生于混交林或阔叶林中地上。

图62-1. 2009年6月19日。上游泳池途中，海拔180m。

图62-2. 2009年6月19日。

图62-3. 2009年7月12日。上游泳池途中，海拔180m。

图62-4. 2009年7月12日。

62. 金号角

***Craterellus aureus* B.et C.**

菌盖长喇叭形，中空直达基部，口部宽1.5～5.0cm，高4～7cm，鲜橙色至鲜黄色，边缘向下卷曲，有时瓣裂。菌肉黄色，厚1.1～1.5mm。子实层浅橙红色至鲜橙色，平滑至稍有颗粒。菌柄中生，菌柄长2～6cm，粗3～8mm，与菌盖相连形成筒状，偏生或中生，向基部渐细。孢子椭圆形，(7.0～9.0)μm×(5.0～5.5)μm，光滑，无色，非淀粉质。

丛生于混交林或阔叶林中地上。

食用菌。肉质细嫩，美味可口，营养丰富。

鸡油菌科 Cantharellaceae

图63-1. 2009年6月19日。上游泳池途中。

图63-2. 2009年6月19日。采摘后形态。

鸡油菌科 Cantharellaceae

63. 灰号角（喇叭菌，灰喇叭菌）

Craterellus cornucopioides (L.:Fr.) Pers.

担子果高2～11cm。菌盖薄，喇叭形，中空直达基部，半膜质，暗褐带灰紫色，上被微细鳞片，边缘波状，瓣裂。子实层体平滑，深紫黑色，为灰白色孢子层所覆盖。菌肉与菌盖同色，无味道和气味。孢子卵圆形，(6.0～9.2)μm×(4.5～5.0)(6.3)μm，光滑，无色。担子棒形，(34.0～42.0)μm×(6.0～6.3)μm，无色。无锁状联合。

群生于混交林中地上。

食用菌。柔中带脆，美味可口，含精氨酸、赖氨酸等15种氨基酸。

口蘑目 Tricholomatales

蜡伞科 Hygrophoraceae

64-1. 2009年7月15日。上游泳池途中，海拔200m。

图64-2. 2009年6月19日。

图64-3. 图64-2中菌株采摘后形态。

64. 绯红湿蜡伞
Hygrocybe coccinea (Schaeff.:Fr.) Kummer

　　菌盖宽0.8～2.0cm，初扁半球形，后平展，上有很厚的黏液，肉质至蜡质，鲜红色、橙红色，有光泽，边缘有的内卷，有透明条纹。菌肉浅红色，薄，无味道。菌褶白色，蜡质，不等长，微弯生，褶缘平滑。菌柄中生，圆柱形，长1～4cm，粗1.5～3.0mm，橘红色至红色，上被黏液，实心。孢子椭圆形，有的近圆形，有尖突，(4.4～9.0)(10.0)μm×(3.2～6.0)(7.0)μm，光滑，无色，非淀粉质。
　　散生或群生于混交林或阔叶林中地上。

图64-4. 2009年6月19日。上游泳池途中，海拔215m。

图65-1. 2009年6月19日. 上游泳池途中. 菌盖正面.

图65-2. 图65-1的侧面.

图65-3. 图65-1的背面.

蜡伞科 Hygrophoraceae

65. 深黄蜡伞

Hygrophorus craceus (Bull.) Bres.

　　子实体小。菌盖宽2.0～4.5cm，半球形至平展，中部有尖突，蜡黄色、浅橘黄色及污黄色，中部尖突部分色较深，边缘有条纹或不明显，质脆，黏。菌肉薄，与菌盖同色。菌褶微黄色，蜡质，不等长，近延生至微弯生，厚，褶缘平滑。菌柄中生，圆柱形，长4～9cm，粗3～10mm，橘黄色，光滑，初实心，后空心。孢子椭圆形，(6～9) μm×(5～6) μm，光滑，无色，非淀粉质。

　　散生于混交林中地上。

图66-1. 2009年6月18日。管理处宿舍边林地上，海拔180m。较幼嫩。

图66-2. 时间地点同图66-1。老菌。

图66-3. 时间地点同图66-1。菌褶形态。

66. 酒色蜡蘑

Laccaria vinaceoavellanea Hongo

子实体小，浅肉褐色。菌盖宽0.9～8.5cm，半球形至平展，表面有白色粉末，稍黏，中部脐凹，边缘有长短不一的沟条。菌肉薄，与菌盖同色。菌褶与菌盖同色，蜡质，不等长，直生至微弯生，厚，褶缘平滑。菌柄中生，圆柱形，与菌盖同色，长2.8～7.0cm，粗0.2～0.8cm，上被白色粉状物，有纤维状长条纹，稍弯曲或扭转。孢子近球形，7.5～9.0μm，有锥形小刺，非淀粉质。

群生于混交林中地上。

图66-4. 2009年6月21日。上石门塘途中，海拔330m。

蜡伞科 Hygrophoraceae

图67-1. 2010年5月30日。上山土公路边林中。左上角圆圈内为菌的背面。

图67-2. 时间地点同图67-1。

图67-3. 时间地点同图67-1。示菌褶及菌柄。

67. 灰褐小鹅膏

Amanita ceciliae (Berk. & Br.) Bas

子实体中等大。菌盖直径5～13cm，淡土黄色至灰褐色，具灰褐色粉质颗粒，稍黏，边缘具明显条纹。菌肉白色。菌褶白色或稍带灰色，离生，较密，不等长。菌柄长11～18cm，粗1～2cm，圆柱形，具深色纤毛状小鳞片并形成花纹，内部松软至空心，基部稍膨大。菌托由2～3圈深灰色粉质环带组成。孢子印白色。孢子无色，光滑，近球形，直径12μm，非淀粉质。

散生于林中地上。

图68-1. 2009年7月17日。上山土公路边。菌盖正面。

68. 小托柄鹅膏

Amanita farinosa Schw.

菌盖宽1.8～5.5cm，初半球状，后平展，棕灰色，中央橙黄带褐色，被灰色至粉黄色粉末状鳞片，边缘薄延伸而有条纹。菌肉白色。菌褶白色或白带微黄色，离生或弯生，不等长，有少数分叉和不明显横脉。菌柄圆柱形，长2.5～7.0cm，近顶处粗2～7mm，被粉末。菌托灰白色，小托型。孢子卵形至近球形，(6.4～8.0)μm×(4.7～6.4)μm，内有1个大油球，光滑，无色，非淀粉质。

单生于阔叶林中地上。

鹅膏科 Amanitaceae

图68-2. 图68-1的侧面。

图68-3. 图68-1的菌褶。

图69-1. 2008年11月10日。上山土公路边林中。菌盖正面。

图69-2. 2010年5月31日。瀑布附近林中地上。

图69-3. 图69-1的菌柄及菌托。

69. 灰花纹鹅膏
Amanita fuliginea Hongo

担子果小型。菌盖直径3～6cm，灰色至暗灰色，中央近黑色，表面有比较明显的纤维状花纹。菌肉白色。菌褶白色，较密，离生，不等长。菌柄细长，圆柱形，被灰白色或灰褐色纤维状小鳞片并具花纹。菌环膜质，灰白色，生柄之上部或顶部。菌托白色近苞状。孢子球形，7.5～9.5μm，光滑，淀粉质。

夏秋季单生或散生于林中地上。

图70-1. 2009年6月19日。上游泳池途中。

70. 赤脚鹅膏

Amanita gymnopus Corner & Bas

担子果中型至大型。菌盖直径 5.5~11.0cm，白色、米色至浅褐色，被有近浅黄色、浅褐色至褐色的破布状至碎屑状菌幕残余；边缘常有絮状物，平滑无棱纹。菌肉白色，有硫磺气味或稍辣。菌褶米色至黄褐色，密，离生，不等长；短菌褶近菌柄端渐窄。菌柄近圆柱形，长7~13cm，粗7~20mm，污白色至浅褐色，近光滑；内部实心，白色；基部膨大，宽棒状至近球形，直径1.5~3.0cm，白色至污白色，在膨大基部的上部有时有粉末状至近鳞片状饰物，下部近光滑，但常有根状菌索。菌环顶生至近顶生，膜质，白色至米色，上表面有辐射状细沟纹；在菌环的下部有时有一小菌环。孢子近球形至宽椭圆形，(6.0~8.5)μm×(5.0)(5.5~7.5)μm，光滑，无色，淀粉质。担子棒形，(40~50)μm×(8~11)μm，具4小梗。子实体各部位都有锁状联合。
夏秋季单生或散生于针叶林或混交林中地上。

图70-2. 图70-1的菌褶及菌柄。

鹅膏科 Amanitaceae

图71-1. 2009年6月21日。上石门塘途中。幼嫩时。

图71-2. 2009年6月21日。上石门塘途中。

图71-3. 菌褶及残余菌幕。

71. 灰疣鹅膏

Amanita griseoverrucosa Zhu L. Yang

担子果中型至大型。菌盖灰色，浅灰色，有时污白色，被有灰色至浅灰色疣状至锥状菌幕残余；边缘常有絮状物，平滑无棱纹。菌褶白色，较密，离生，不等长。菌柄近圆柱形，污白色至浅灰色，被有纤丝状至絮状浅灰色至灰色鳞片；内部实心。菌环膜质，易破碎消失。孢子椭圆形，(7.0)(8.0～11.0)(13.5) μm×(4.5)(5.5～7.0)(9.0) μm，光滑，无色，淀粉质，薄壁；菌丝无锁状联合。

夏秋季单生或散生于针叶林或混交林中地上。

图71-4. 菌褶及菌环。

图71-5. 2009年10月11日。颜色较浅者。

鹅膏科 Amanitaceae

图72-1. 2009年6月21日，上石门塘途中，海拔490m。

图72-2. 菌盖表面具圆锥状菌幕残余。

图72-3. 菌褶。

图72-4. 菌柄及菌托。

72. 本乡鹅膏

Amanita hongoi Bas

担子果中型至大型。菌盖直径7~15cm，盖表中央浅褐色、污黄色至淡黄褐色，至边缘渐变为白色至污白色；菌幕残余浅褐色、污黄色至淡黄褐色，圆锥状、角锥状至近疣状，平滑无棱纹。菌肉白色。菌褶白色至米黄色，较密，离生至近离生，不等长；短菌褶近菌柄端渐窄。菌柄近圆柱形，长8~15cm，粗7~30mm，白色至污白色，被白色至浅褐色细小鳞片；实心；基部膨大，直径1.5~4.0(6.0)cm，上半部被有疣状至锥状菌幕残余。菌环膜质，顶生至近顶生，白色至米白色，上表面有辐射状细沟纹，下表面有疣凸。孢子近球形，(7.0)(7.5~9.5)(11.0) μm × (6.0)(6.5~8.0)(9.5) μm，光滑，无色，淀粉质。子实体各部位皆无锁状联合。

夏秋季生于壳斗科植物为主的阔叶林或以松为主的针阔或混交林中地上。

图73-1. 老菌和幼菌。

图73-2. 菌盖表面的块状菌幕残余。

图73-3. 幼菌。

73. 异味鹅膏

Amanita kotohiraensis Nagas.& Mitani

担子果小型至中等,常有刺鼻气味。菌盖直径5~8cm,白色,其上菌幕残余碎片状,白色,平滑无棱纹。菌肉白色。菌褶离生,浅黄色,稠密,不等长。菌柄近圆柱形,白色,常被白色细小鳞片;基部膨大近球形;孢子近球形至宽椭圆形,(7.0~9.5)(11.0)μm×(5.0~7.0)μm,光滑,淀粉质。锁状联合常见。

夏秋季生于亚热带常绿阔叶林或针阔叶林中地上。

图74-1. 2009年6月19日。上游泳池途中。

图74-2. 菌盖表面。

图74-3. 菌柄及菌托。

74. 木色鹅膏

Amanita lignitincta Zhu L. Yang

担子果小型至中型。菌盖宽4～6cm，木褐色至皮革褐色，中央部不突起、色较深，边缘有长棱纹。菌褶白色，离生至近离生，不等长，较稀疏。菌柄近圆柱形，浅灰色至污白色，近光滑至被细小的丝状鳞片，空心。菌托袋状，薄，外表白色至污白色。孢子近球形，(10～13) μm×(9～12) μm，光滑，无色，非淀粉质。

单生于针叶林或混交林中地上。

图75-1. 2009年6月21日. 上石门塘途中, 海拔320m。

图75-2. 图75-1中菌株的菌盖表面。

鹅膏科 Amanitaceae

75. 隐花青鹅膏

Amanita manginiana Har.et Pat.

  担子果中等至大型,有时很大。菌盖灰色、灰褐色至浅褐色,中部色较深,具深色纤丝状隐生花纹或斑纹,多光滑而无菌幕残余;边缘平滑无棱纹,常悬挂有白色菌环残片。菌肉白色稍厚。菌褶离生至近离生,白色,稠密,不等长。菌柄近圆柱形或向上稍变细,白色,常被白色纤毛状至粉末状鳞片;基部腹鼓状至棒状;菌托浅杯状,白色至污白色,大部分贴生于菌柄基部;菌环顶生至近顶生,易破碎。孢子近球形至宽椭圆形,(5.5)(6.0～8.0)(9.0)μm×(4.5)(5.0～7.0)(7.5)μm,光滑,淀粉质。担子果各部位皆无锁状联合。
  夏秋季生于由松(Pinus)或栎树(Quercus)等树木组成的针叶林或阔叶林中地上。

图75-3. 图75-1中菌株的菌褶及菌柄。

图75-4. 2010年5月31日。独田。

图75-5. 图75-4中菌株的菌褶及菌柄。

鹅膏科 Amanitaceae

图76-1. 2009年6月21日。石门塘。

图76-2. 图76-1中菌株的菌盖表面。

图76-3. 时间地点同图76-1。幼菌。

76. 欧氏鹅膏

Amanita oberwinklerana Zhu L. Yang & Yoshim. Doi

担子果小型至中等。菌盖初半球形，后期扁平至平展，形状规则，白色，中部有时米黄色，光滑，幼嫩时有珍珠般光泽，偶被白色膜质菌幕残余，湿时稍黏；边缘平滑无棱纹。菌肉白色。菌褶离生，白色，老时米色至浅黄色，稠密，不等长。菌柄近圆柱形，白色，光滑或被白色纤毛状或反卷状鳞片；基部近球形至萝卜状；菌托浅杯状，白色；菌环上位，膜质，白色。孢子椭圆形至宽椭圆形，(7.5)(8.0~10.5)(12.0) μm × (5.5)(6.0~8.0)(10.5) μm，光滑，无色透明，淀粉质。担子果各部位皆无锁状联合。

夏秋季生于阔叶林、针叶林或混交林中地上。

图76-4. 2009年6月21日。石门塘。成熟者和幼嫩者。

鹅膏科 Amanitaceae

图77-1. 2009年6月19日。上游泳池途中。

图77-2. 图77-1中菌体的菌盖表面,注意块状白色菌幕残余。

77. 卵孢鹅膏

Amanita ovalispora Boedijn

担子果小型至中型。菌盖灰色至暗灰色,边缘有长条纹,盖表光滑,偶有膜质菌幕残余。菌褶白色,干后常呈灰色或浅褐色,离生,不等长。菌柄近圆柱形,长6～10cm,粗5～15mm,白色至浅灰色,上半部常被白色粉状鳞片,内部松软至空心;基部不膨大,无球状体。菌托袋状至杯状,膜质,外表白色至污白色,内表面白色至灰色。菌环缺如。孢子宽椭圆形至椭圆形,有时近球形,(9～11)μm×(7～9)μm,光滑,无色,非淀粉质。子实体各部位皆无锁状联合。

夏秋季单生于热带及亚热带阔叶林或暖热性针叶林中地上。

鹅膏科 Amanitaceae

图77-3. 图77-1中菌体的菌褶。

图77-4. 2010年5月31日。独田。较幼嫩者。

图77-5. 图77-4中菌体的侧面,可见菌柄及菌托形态。

鹅膏科 Amanitaceae

图78-1. 2009年6月21日。上石门塘途中，海拔425m。自然生长状态。 　图78-2. 图78-1中菌株的菌盖表面。

图78-3. 图78-1中菌株的菌柄及菌托。

78. 暗鳞隐丝鹅膏

Amanita pilosella Corner & Bas

担子果小型至中等。菌盖灰色至灰褐色，中部色较深，具辐射状隐生纤丝花纹；菌幕残余粉质絮状，在菌盖中央常呈疣状，深灰色至近黑色；菌盖边缘平滑无棱纹，无絮状物。菌褶离生至近离生，白色，较密，不等长。菌柄近圆柱形，有纤丝状鳞片；内部实心，白色，基部膨大，其上半部被有暗灰色至近黑色的疣状至絮状的菌幕残余，呈环带状排列成2～4圈。菌环上位，薄，膜质，上表面白色至污白色，下表面浅灰色，有纤丝状鳞片。孢子宽椭圆形至椭圆形，$(7.0～9.0)\mu m×(5.5～7.0)\mu m$，光滑，淀粉质。担子果各部位皆无锁状联合。

夏秋季常生于壳斗科植物林中地上。

图78-4. 图78-1中菌株的菌环。

图78-5. 图78-1中菌株的菌褶。

图79-1. 2009年6月19日。

图79-2. 图79-1中菌株,示菌盖表面、菌环及菌柄。

图79-3. 图79-1中菌株,示菌褶及菌柄。

79. 土红粉盖鹅膏（锈红鹅膏，土红粉盖伞）

Amanita rufoferruginea Hongo

菌盖宽3～9cm,半球形至平展,表面有土红色、橘红色或锈褐色至皮革褐色的粉末状菌幕残余,边缘有粗糙条纹。菌肉白色。菌褶白色,密集,离生,不等长。菌柄圆柱形,上被与菌盖同色的细粉末,长2.5～12.0cm,粗7～10mm,空心。菌环生于柄上部,单环,膜质,极易脱落,上面白色,有条纹,下面土黄色或淡土红色。菌托杯易消失,或碎断成几圈粉质残片。孢子印白色。孢子微淡黄色,近球形,$(7.5～10.0)\mu m \times (6.3～8.8)\mu m$,光滑,无色,非淀粉质。担子果各部位均无锁状联合。

单生或散生于针叶林、混交林或阔叶林中地上。

鹅膏科 Amanitaceae

鹅膏科 Amanitaceae

图79-4. 2010年5月31日。独田。

图79-5. 图79-4中菌株，示菌褶、菌环及菌柄。

图79-6. 图79-4中菌株。

图80-1. 2009年6月21日。上石门塘途中，海拔420m。小图示菌褶。

图80-2. 菌盖表面。

图80-3. 菌柄及菌托。

80. 刻鳞鹅膏

Amanita sculpta Corner & Bas

担子果大型。菌盖灰褐色、浅褐色至紫褐色，其上的菌幕残余锥状，褐色至深褐色；边缘平滑无棱纹。菌肉白色至浅褐色，受伤时变为褐色至深褐色。菌褶初期白色稍带淡红色，后期紫褐色，密，离生至近离生，不等长。菌柄近圆柱形，污白色至褐色，被浅褐色至褐色絮状至粉末状鳞片，在菌柄顶端则呈绒毛状；内部实心，污白色至浅褐色，伤后变深褐色；基部膨大，在膨大基部的上半部及菌柄基部被有褐色、粉状至疣状的菌幕残余，排列成环带状至卷边状。菌环上位，絮状，易破碎消失。孢子球形至近球形，(7.5)(8.0～11.0)(15.0) μm×(7.5)(8.0～10.5)(14.5) μm，光滑，淀粉质。子实体各部位皆无锁状联合。

夏秋季生于由栲属(Castanopsis)和石栎属(Lithocarpus)植物组成的阔叶林地上。它可能与壳斗科植物形成外生菌根。

图81-1. 2009年6月19日。上游泳池途中。

图81-2. 图81-1中菌的菌褶及菌柄。

81. 中华鹅膏

Amanita sinensis Zhu L. Yang

  菌盖宽7～12cm，灰白色至深灰色，盖表被灰色至深灰色疣状至颗粒状菌幕残余，边缘有明显条纹和小疣至絮状菌幕残片。菌肉白色。菌褶白色，离生，不等长，较密。菌柄近圆柱形，长10～15cm，粗10～25mm，污白色至浅灰色，有浅灰色、灰色至深灰色粉末状至絮状鳞片，内部松软至空心，菌柄基部与菌柄本身无明显界限。菌环顶生至近顶生，上表面白色，有细的辐射状沟纹，下表面被浅灰色粉质至纤维状鳞片，膜质，易脱落。孢子宽椭圆形至椭圆形、稀近球形或长椭圆形，(9.5～12.5)μm×(7.0～8.5)μm，光滑，无色，非淀粉质。菌丝有锁状联合。

  单生于针叶林或混交林中地上。

图82-1. 2008年11月6日。

图82-2. 图82-1中菌体挖出后，示菌柄、菌环和菌褶。

82. 锥鳞白鹅膏

Amanita virgineoides Bas

担子果中等至大型。菌盖直径7～15(20)cm，白色，菌幕残余圆锥状至角锥状，白色，高1～3mm，基部宽1～3mm；边缘常垂有絮状物，平滑无棱纹。菌肉白色。菌褶离生至近离生，白色至米色，不等长。菌柄近圆柱形或向上稍变细，长10～20cm，粗15～30mm，白色，被白色絮状至粉末状鳞片；内部实心，白色；基部膨大，腹鼓状至卵形，直径3～4cm，在膨大基部的上半部被有白色疣状至颗粒状的菌幕残余，排列成环带状。菌环上位，膜质，白色，上表面有辐射状细沟纹，下表面有疣状至锥状小凸起，常撕破而垂悬于菌盖边缘或破碎消失。孢子宽椭圆形至椭圆形，(8.0～10.0)μm×(6.0～7.5)μm，光滑，无色透明，淀粉质。担子果各部位都有锁状联合。

夏秋季生于针叶林或混交林中地上。它可能与松属(Pinus)和壳斗科植物形成外生菌根。

鹅膏科 Amanitaceae

图82-3. 图82-1中菌体的菌褶及菌环。

鹅膏科 Amanitaceae

102

图82-4. 2009年6月19日。幼嫩时的菌体。

图83-1. 2008年11月5日。

图83-2. 菌盖表面具有角锥状菌幕残余。

图83-3. 包裹菌褶的菌幕尚未破裂。

83. 黄尖鳞鹅膏

Amanita xanthogola Bas

担子果中等至大型。菌盖半球形至平展，浅土黄褐色，具角锥状鳞片和絮状鳞片，边缘常垂有絮状物，平滑无棱纹。菌肉白色。菌褶离生，浅黄至深黄色，不等长。菌柄近圆柱形，被黄褐色絮状鳞片；实心；基部膨大，菌托由角锥状、絮状鳞片组成。菌环上位，膜质。孢子椭圆形至长椭圆形，(8.0～10.8) μm×(5.5～7.0) μm，光滑，无色，淀粉质。

夏秋季生于针叶林或混交林中地上。它可能与松属(Pinus)和壳斗科植物形成外生菌根。

鹅膏科 Amanitaceae

图84-1. 2010年4月23日。菌盖表面。

口蘑科 Tricholomataceae

图84-2. 2010年4月23日。子实层面(菌褶)。

84. 小亚侧耳

Hohenbuehelia flexinis Fr.

　　子实体小。菌盖宽1~2cm，近扇形，白色至浅褐色，无菌柄或几无菌柄，肉质，边缘有细条纹。菌肉白色。菌褶白色。孢子长椭圆形，(6.8~8.0) μm×(3.0~4.0) μm，光滑，无色，非淀粉质。子实层有丰富的侧生囊状体，囊状体厚壁，尖棒形，70μm×13μm，无色，尖端有时有结晶。
　　叠生于阔叶树的腐木或枯枝上。

图85-1. 2009年6月21日。成熟者。

图85-2. 2009年6月21日。示菌褶。

图85-3. 2010年4月24日。幼嫩者形态。

85. 粗糙小干蘑

Cyptotrama asprata (Berk.) Redhead et Ginns

菌盖宽0.7～4.0cm，金黄色或柠檬黄色，上被糠麸状至丛毛状鳞片。菌肉白色。菌褶白色，稀疏，不等长，直生至短延生。菌柄中生，与菌盖同色或较浅色，具毛状鳞片。孢子椭圆形、卵圆形、柠檬形至近梭形，有尖突，(7～10)μm×(4～7)μm，光滑，无色，非淀粉质，内含1个大油球。

散生于阔叶林或混交林中腐木上。

图85-4. 2010年4月24日。幼嫩者形态。

口蘑科 **Tricholomataceae**

图86-1. 2010年5月30日。

图86-2. 2008年11月5日。

图86-3. 2010年5月30日。

86. 纯白微皮伞

Marasmiellus candidus (Bolt.) Sing.

子实体小，纯白色。菌盖 0.6～3.0cm，边缘波状，有稀疏的沟条纹。菌肉很薄。菌褶白色，近直生，不等长。菌柄中生，长0.8～2.0cm，粗 0.1～0.2cm，白色，基部色稍暗。孢子长椭圆形，(12～17)μm×(4～5)μm，光滑，无色，非淀粉质。

生于枯枝或落枝上。

图87-1. 2010年5月31日。

图87-2. 2010年5月31日。

87. 雪白小皮伞

Marasmius niveus Mont.

菌盖宽8～25mm，半球形，中稍凹，半革质，白色，不黏。菌肉白色，伤不变色，无味道，无气味。菌褶黄白色，不等长，分叉，有横脉，直生，无项圈。菌柄中生，上部黄白色，下部深褐色，上被细粉末，空心，柄基有粗毛，不插入基物内。孢子近梭形，(7.0～9.5)μm×(3.0～5.5)μm，光滑，无色，非淀粉质。

群生至丛生于枯树落叶上。

图88-1. 2010年5月31日。采自菜地附近林中。

图88-2. 2010年5月31日。采自菜地附近林中。

口蘑科 Tricholomataceae

88. 紫沟条小皮伞
Marasmius purpurreostriatus Hongo

菌盖直径1~3cm，中部下凹成脐状，由盖顶部放射状形成紫褐色或浅紫褐色沟条，后期盖面全部色彩变浅。菌褶污白色至浅黄色，近离生，稀，不等长。菌柄细长，表面被白色绒毛，基部常有白色粗毛，纤维质。孢子长棒状，(22.5~30.0) μm×(5.0~7.0) μm，光滑，无色。

群生于林中地上。

图89-1. 2008年11月6日。

图89-2. 2008年11月6日。

口蘑科 Tricholomataceae

89. 大盖小皮伞

Marasmius maximus Hongo

菌盖直径2.5～4.0cm，半球形至钟形，后平展而具脐凹，浅粉褐色至淡土黄色，中央色深，有明显的放射状沟纹。菌褶与菌盖同色或稍浅，不等长，弯生至近离生。菌柄中生，褐色，硬。孢子椭圆形，(7.5～9.0)μm×(3.0～4.0)μm，光滑，无色，非淀粉质。

散生于林中落叶层上。

图89-3. 2009年6月21日。

口蘑科 Tricholomataceae

图89-4. 图89-3中菌体的背面，示菌褶。

图89-5. 2009年6月21日。

图90-1. 图90-2的菌褶。2008年11月5日。

图90-2. 黏小奥德蘑。2008年11月5日。

图90-3. 2008年11月13日。

90. 黏小奥德蘑

Oudemansiella mucida (Schrad.:Fr.)Hohn.

菌盖宽1.5～7.0cm，肉质，白色，具黏液，透明，边缘薄，显出褶棱。菌肉白色，薄，无味道，无气味。菌褶白色，不等长，直生。菌柄偏生，圆柱形，短，长1～5cm，粗3～6mm，白色，实心，弯曲，上有丝质绒毛。有菌环，明显，上位，成熟时常脱落。孢子印白色。孢子近球形，(11.0～20.0)μm×(10.0～18.8)μm，光滑，无色，内含1个大油球。

散生或群生于阔叶林腐木上或水桐木活树干上。

图90-4. 2010年5月30日。上山土公路边林中。

口蘑科 Tricholomataceae

图91-1. 2009年6月21日。

图91-2. 图91-1的菌褶。

91. 长根小奥德蘑

Oudemansiella radicata (Relh.:Fr.) Sing.

菌盖宽4.8～10.0cm，扁平具脐凸，浅褐色至橙褐色，黏，中部有皱纹。菌肉白色，薄，无味道，无气味。菌褶白带黄色，不等长，弯生或延生，褶缘平滑。菌柄中生，粗3～9mm，地上部分长9.5～20.0cm，上部白色，下部白带微褐色，上细下粗，基部稍膨大，实心，表层纤维质，易剥落，被微细绒毛，基部向下延伸形成长约3cm或更长的假根。孢子印白色。孢子广椭圆形至卵圆形，(13.0～18.0) μm×(10.0～11.5)(15.0) μm，光滑，无色，非淀粉质。

多单生于阔叶林中地上，有时从地下埋木长出。

图91-3. 图91-1挖出后形态。

图91-4. 2009年7月23日。

图91-5. 图91-4的菌盖表面。

口蘑科 Tricholomataceae

113

图92-1. 2010年4月23日。

图92-2. 2010年5月31日。菌管面。

92. 小网孔菌

Dictyopanus pusillus (Lév.)Sing.

菌盖宽2～6mm，厚0.5～1mm，近圆形、半圆形至肾形或稍凸镜形至平展，白色、带灰色至淡粉红色或稻草黄带粉红色，干，近光滑无毛至被微细柔毛，无环纹，略皱。菌肉极薄，白色，有时呈肉黄色至淡褐色。子实层体菌管状。菌孔近圆形至长形，呈辐射状排列，每毫米(3)4～5个，与菌盖同色。菌管浅，约0.5mm。菌柄偏生至侧生，长1～2mm，粗常不及1mm，等粗，微带褐色或淡褐色。孢子卵圆形至椭圆形，(3.0～3.8)μm×(1.7～2.3)μm，光滑，无色，淀粉质。

群生或叠生于阔叶林中腐木上。

伞菌目 Agaricales

图93-1. 2008年11月13日。

图93-2. 采摘后的图93-1。示菌褶和菌托。

图93-3. 2009年7月20日。

93. 银丝草菇（丝盖小包脚菇）

Volvariella bombycina (Schaeff.:Fr.) Sing.

菌盖宽3～8cm，半球形，后钟形至凸镜形至平展，肉质，白色，干，上密布白色银丝状柔毛，边缘延伸，内卷。菌肉白色，近边缘处几消失，无味道，菇气味。菌褶初白色，后淡粉红色至肉红色，不等长，离生。菌柄中生，圆柱形，长5～12cm，粗4～5mm，白色，稍弯曲，实心，脆骨质，基部略膨大。菌托苞状，白色至污白色或微带浅褐色，具纹或绒毛状鳞片。孢子印粉红色至棕红色。孢子椭圆形，(6.5～9.6)μm×(4.5～6.0)μm，淡粉红色或近无色，光滑，非淀粉质。

夏秋常生于杜英、二球悬铃木、樟树、桂花树等阔叶树的枯木或树洞中。

光柄菇科 Pluteaceae

图93-4. 2008年11月8日。菌褶老熟后变红褐色。

光柄菇科 Pluteaceae

图94-1. 2008年11月10日。

图94-2. 同图94-1。

图94-3. 同图94-1。

图94-4. 同图94-1。

94. 蓝黑粉褶菌

Entoloma cyanoniger (Hongo) Hongo

菌盖宽3~7cm，初圆锥形至扁半球形，后平展中央凸，表面蓝黑色，光滑或有蓝黑色小鳞片。菌肉白色（表皮下带蓝色），中部厚，边缘薄。菌褶白色稍带微微的粉肉红色，弯生或离生。菌柄中生，扁柱形，长2~5cm，粗4~6mm，光滑，空心，表面有纤维状印纹，与菌盖同色。孢子五角形或六角形，（10.4~11.0）μm×（6.5~9.0）μm，非淀粉质。

散生于混交林中地上。

粉褶菌科 Entolomataceae

图95-1. 2009年6月19日。

粉褶菌科 Entolomataceae

图95-2. 同图95-1。

95. 方形粉褶菌

Entoloma quadratum (B.et C.)Hk.

菌盖宽1.0～2.6cm，初钟形，后平展微脐凸形，淡黄色至橙黄色，被绢质纤丝，肉质，湿时边缘可见细条纹。菌肉淡黄色，边缘处消失，无味道，无气味或有腥味。菌褶橙白色，不等长，弯生至直生，褶缘平滑，微波状。菌柄中生，圆柱形，长3.3～5.2cm，近柄顶处粗1.9～4.1mm，淡黄色，被纤丝或光滑无附属物，半纤维质。孢子近正方形，个别近五角形，有尖突，7～11μm，非淀粉质，有中生大油球。

群生于阔叶林中地上。

图95-3. 2009年6月21日。

图95-4. 同图95-3。

图96-1. 2009年6月19日。

图96-2. 菌褶和菌柄。

96. 褐盖粉褶菌

Entoloma rhodopolium (Fr.) Kummer

　　子实体中等大。菌盖宽5.0～13.7cm，钟形至平展，有脐凸，灰色、灰褐色或褐色，光滑，边缘有放射状条纹。菌肉淡黄色，伤不变色，薄，无味道，无气味。菌褶初黄白色，后呈粉红色，不等长，直生至弯生，褶缘平滑。菌柄中生，圆柱形，长7.5～15.0cm，粗0.3～2.3cm，白色至浅褐色，上有纵条纹和绒毛，空心，纤维质。孢子五角形，(8～12)μm×(7～10)μm，光滑，非淀粉质。
　　单生或群生于阔叶林中地上。

粉褶菌科 **Entolomataceae**

图97-1. 2009年6月21日。

图97-2. 图97-1的菌褶。

粉褶菌科 Entolomataceae

97. 灰色粉褶菌

***Entoloma* sp.**

子实体小。菌盖宽3～4cm，平展，中央稍凹，浅灰色，带点蓝色。菌褶白色，后呈粉色，不等长，直生，褶缘平滑。菌柄中生，白色至浅灰褐色，上有绒毛，空心。孢子五角形或六角形，有尖突，(9.4～10.0)μm×(7.0～7.2)μm，光滑，非淀粉质。

单生或散生于阔叶林中地上。

图98-1. 2009年7月15日。

图98-2. 图98-1的菌褶。

伞菌科 Agaricaceae

98. 紫褐蘑菇

Agaricus rubellus (Gill.)Sacc.

担子果中等。菌盖直径4～6cm，初污白色，后淡粉红色，覆有淡褐色或紫红色的鳞片，中部色深，后期变为淡紫褐色。菌肉白色，后期粉红色，较厚。菌褶离生，肉红色、深褐色至黑褐色，密，不等长。菌柄近圆柱形，长5～7cm，粗0.5～1.0cm，基部稍膨大。菌环白色，膜质，单层，不脱落。孢子椭圆形至广椭圆形，(6.0～7.5)μm×(3.5～5.0)μm，光滑，无色。

夏秋季生于针叶林或混交林中地上。

图99-1. 2010年5月31日。

图99-2. 图9-1的菌盖表面。

图99-3. 菌褶和菌环。

99. 纯黄白鬼伞

Leucocoprinus birnbaumii (Cda.) Sing.

菌盖宽1.2～3.7cm，钟形，后几乎平展，中部凸出，肉质至膜质，浅黄色至柠檬黄色，表面覆有柠檬黄色的绵质鳞片，边缘呈明显放射状。菌肉薄，黄色。菌褶淡黄色，不等长，离生。菌柄中生，圆柱形，长4.5～9.0cm，粗2～4mm，稍弯曲，向上渐细，基部膨大呈棒状，中空，表面覆有柠檬黄色粉粒。菌环生于菌柄中上部，单环，易脱落。孢子卵形至椭圆形，(7～10)μm×(5～7)μm，光滑，有明显芽孔，无色至淡黄色，类糊精质，内含1个中生大油球。

单生或散生于混交林中地上。

图100-1. 2009年7月14日。

100. 褐鳞环柄菇
Lepiota helveola Bres.

菌盖宽1~4cm，初扁半球形，后平展，中央稍凸起，表面密被褐色小鳞片，中部尤多，往往呈环带状排列。菌肉白色，薄，无味道，无气味。菌褶白色或白带污黄色，不等长，离生，较密。菌柄中生，圆柱形，长2~6cm，粗3~7mm，白色稍带粉红色，被褐色细鳞片，内部空心，基部稍膨大。菌环位于菌柄中上部，单环，白色，易脱落，不活动。孢子椭圆形，(5.0~9.0) μm×(3.5~5.0) μm，无色，光滑。

群生于阔叶林或混交林中地上。

伞菌科 Agaricaceae

图100-2. 2009年7月14日。

伞菌科 Agaricaceae

图101. 2010年4月23日。

101. 小环环柄菇
Lepiota parvannulata (Lasch) Fr.

菌盖宽1.0～1.3cm，灰白色，中央浅灰褐色，干，平展，上被绒毛，易碎，边缘有条纹。菌肉白色，极薄，无味道。菌褶白带黄色，不等长，离生。菌柄中生，棒形，长1.8～2.0cm，粗约2mm，白色，被绒毛。菌环位于菌柄中部，单环，白色，不脱落，不活动。孢子卵圆形至椭圆形，(5.3～6.5)μm×(3.3～3.8)μm，无芽孔，无色或浅黄色，类糊精质，内含1个油球。

群生于阔叶林或混交林中地上。

图102-1. 2010年4月25日。

图102-2. 2010年4月25日。幼菌。

图102-3. 2010年4月25日。老菌。

102. 小假鬼伞

Pseudocoprinus disseminatus (Pers.:Fr.) Kuhner

子实体小。菌盖卵圆形至钟形。幼时白色，老后灰白色，顶部黄色，膜质，有明显的条棱。菌褶幼时白色，老后灰白色至黑色，不等长，直生，稀。菌柄中生，长2~3cm，粗约1mm，白色，空心。孢子褐色，光滑，有明显平切的芽孔，椭圆形，(7.8~9.0)μm×(4.4~5.0)μm，非淀粉质。

散生或群生于地上。

鬼伞科 Coprinaceae

图103-1. 2008年11月9日。上山土公路边。

图103-2. 2008年11月9日。

图103-3. 2008年11月9日。

粪伞科 **Bolbitiaceae**

103. 柔弱锥盖伞

Conocybe tenera (Schaeff.:Fr.) Fay.

菌盖宽1～3cm，橙褐色，干燥，不黏，被不明显的细绒毛至光滑。菌褶黄褐色至锈褐色，不等长，弯生。菌柄中生，圆柱形，长5～12cm，粗2～3mm，橙褐色，被绒毛，具纵条纹，空心。孢子椭圆形至柠檬形，(8～13)μm×(5～7)μm，光滑，有芽孔。

散生于林中地上。

图104-1. 2010年5月30日。

图104-2. 2010年5月30日。闪光灯开。

图104-3. 2010年5月31日。

丝膜菌科 Cortinariaceae

104. 茶褐丝盖伞

Inocybe umbrinella Bres.

菌盖宽3.5~6.0cm，平展，中部凸起，顶部深茶褐色，边缘黄棕色，表面有纤毛和放射状线条，往往边缘开裂。菌肉污白色。菌褶浅黄褐色，弯生，不等长。菌柄污白色至浅棕色，圆柱形，(4.5~5.5)cm×(0.4~0.5)cm，基部白色，空心，纤维质。孢子卵圆形，8μm×6μm，外壁光滑，内壁有小刺，褐色，内含1~2个油球。

单生或散生于林中地上。

丝膜菌科 Cortinariaceae

图105. 2010年7月17日。独田。

105. 土褐丝膜菌

Cortinarius croceofolius Peck

子实体中等。菌盖宽3~4cm，浅黄褐色、黄褐色到赭黄褐色，表面干。菌肉黄白色。菌褶锈褐色，弯生，不等长。菌柄浅黄色，长3~8cm，粗0.2~0.5cm，上部有黄色丝膜，实心。孢子稍粗糙，椭圆形，(6.0~7.8)μm×(4.5~5.0)μm。

单生或散生于混交林中地上。

图106-1. 2009年6月21日。闪光灯开。

图106-2. 2009年6月21日。闪光灯开。

图106-3. 2009年6月21日。

106. 棕黑丝膜菌

Cortinarius melanotus Kalchbr.

菌盖宽3.5~6.0cm，黄棕色，被有黑褐色小鳞片。菌褶黄褐色，较稀。菌柄苍白棕色，圆柱形，(5.0~8.0)cm×(0.6~1.0)cm，下面有不明显的菌环区。孢子卵圆形至柠檬形，(6.0~7.0)μm×(4.5~5.0)μm，粗糙有小刺，褐色。

单生或散生于阔叶林中地上。

丝膜菌科 Cortinariaceae

图106-4. 幼菌。闪光灯开。

丝膜菌科 Cortinariaceae

图106-5. 老菌和幼菌。闪光灯开。

图107-1. 2010年4月23日。

图107-2. 2010年4月23日。

图107-3. 2010年4月23日。

107. 伪异状丝膜菌

Cortinarius nothoanomalus Mos. et Hk.

菌盖宽1.3~3.0cm，初钟形，后平展，中央略凸，不黏，紫罗兰色至紫色，上有绒毛，肉质，边缘整齐至撕裂状。菌肉紫色，薄，无味道，有菇气味。菌褶与菌盖同色，不等长，直生至短延生，褶缘锯齿状。菌柄中生，棒形，长4.0~5.5cm，粗2~5mm，粗细均匀或柄基略膨大，浅紫色至浅紫罗兰色，上有条纹和锈褐色绒毛，肉质至纤维质，空心。孢子广椭圆形至卵圆形，(6~7)μm×(5~6)μm，近光滑至粗糙有小刺，锈褐色。

单生或散生于阔叶林中地上。

丝膜菌科 **Cortinariaceae**

锈耳科 Crepidotaceae

图108-1. 2008年11月10日。

图108-2. 2008年11月12日。

108. 黏锈耳

Crepidotus mollis (Schaeff.:Fr.) Gray

子实体小。菌盖宽1~5cm，半圆形至扇形，肉质，白色，变至带褐色或浅土黄色，表面湿润水浸状，黏，基部有毛。菌褶白色至褐色，从基部放射而出，不等长。孢子淡锈色，有内含物，椭圆形，(7.5~10.0) μm×(4.5~6.0) μm。

叠生于混交林中腐木桩上。

牛肝菌目 Boletales

图109-1. 2008年11月4日。

图109-2. 图109-1的背面。

图109-3. 2009年6月19日。

109. 美丽褶孔牛肝菌

Phylloporus bellus (Mass.) Corn.

菌盖宽3.0～4.5cm，半球形、平展至中凹形，肉褐色、褐色、红褐色或赤褐色，不黏至微黏，被淡褐色绒毛或偶有小鳞片，边缘初内卷，后上翘，肉质至海绵质。菌肉黄白色，伤不变色，无味道，无气味。菌褶鲜黄色，伤不变蓝色，稀，不等长，稍厚，延生，常有分叉，有细横脉，褶缘平滑。菌柄中生至略偏生，圆柱形，长3～4cm，近柄顶处粗6～8mm，淡黄色至微褐色，常弯曲，上有纵条纹，被绒毛，肉质至近纤维质，初实心，后空心。孢子长椭圆形至近米粒状，(8.0～10.5) μm×(3.5～5.0) μm，光滑，淡黄色，内有1～3个油球。

单生至散生于阔叶林或混交林中地上。

桩菇科 Paxillaceae

图110-1. 2008年11月10日。

图110-2. 2008年11月10日。

桩菇科 Paxillaceae

110. 波纹桩菇（波纹网褶菌，覆瓦网褶菌）

Paxillus curtisii B.

担子果无柄，由菌盖表面的一侧生点附着于基物上。菌盖宽1.5～6.0cm，贝壳状、半圆形至扇形，黄色，被绒毛或光滑，边缘初内卷。菌肉黄色至褐色，海绵质，鲜时气味微酸香。菌褶橙黄色至锈黄色，成波纹状弯曲，略从着生点处往四周辐射，分叉，具横脉，组成网状。孢子印黄色。孢子椭圆形，光滑，$(3.0～3.5)\mu m \times (1.7～2.0)\mu m$，淡黄色，非淀粉质。

群生或叠生于马尾松的腐树桩上。

图111-1. 2009年7月21日。

图111-2. 2009年7月21日。示菌管表面。

松塔牛肝菌科 Strobilomycetaceae

111. 绒柄松塔牛肝菌

Strobilomyces floccopus (Vahl.:Fr.) Karst.

菌盖宽3～8cm，不黏，扁半球形，灰白色，绒毛质地，上覆有深褐色绒毛状鳞片，边缘残挂白色菌幕。菌肉灰白色，伤变血红色，后呈黑褐色，无味道。菌柄中生，圆柱形，长3～9cm，粗7～10mm，上密被灰白色长绒毛，切开时变血红色，肉质。菌管表面污白色至棕褐色，伤变黑色；菌管直生，长4～19mm，不易剥离；菌孔角形，每毫米2～4个。孢子印黑褐色。孢子球形至近球形，在显微镜下呈浅褐色至深褐色，$(7～9)(11)~\mu m \times (7～8)~\mu m$，有细疣和网纹，非淀粉质。

单生或散生于混交林中近马尾松的地上。

图112-1. 2008年11月4日。

松塔牛肝菌科 **Strobilomycetaceae**

图112-2. 图112-1的菌管表面。

112. 梭孢南方牛肝菌

Austroboletus fusisporus
(Kawam.,Imaz.et Hongo)Wolfe

菌盖宽1.5～3.5cm，近圆锥形，中央突起，表面黏，黄褐色，有细小鳞片，盖边缘明显延伸。菌肉白色，略有苦味。菌管长，离生，开始粉白色或灰粉红色至紫褐色；管孔与菌管同色，多角形，孔径0.3～1.0mm。菌柄细长弯曲，(3.0～8.0)cm×(0.3～0.6)cm，近圆柱形，表面具明显凸起的疏孔网纹；网纹凸起的边缘不光滑，絮状，浅褐色；实心。孢子纺锤形，表面有小块状龟裂块，靠近两端裂块少近光滑，(13.5～18.5)μm×(8.0～11.0)μm，非淀粉质。

单生或散生于混交林或阔叶林中地上。

图112-3. 2009年7月20日。

图112-4. 图112-3的菌幕包被。

图112-5. 2010年5月31日。

松塔牛肝菌科 Strobilomycetaceae

图113-1. 2009年6月19日。上游泳池途中。

图113-2. 2009年6月19日。上游泳池途中。

松塔牛肝菌科 Strobilomycetaceae

图113-3. 图113-1中菌的菌管及菌环。

图113-4. 图113-1中菌挖出后形态。

113. 长领黏盖条孢牛肝菌（长领黏牛肝菌，新加坡小牛肝菌）

Boletellus longicollis (Ces.) Pegler et Young

菌盖宽3~8cm，钟形、圆锥形、扁半球形至平展，表面有小皱凹坑，被透明黏液，红褐色至带红的肝褐色，展开后为浅褐色，边缘有菌幕附属物。菌肉淡黄色，较柔软，厚4~8mm。菌管浅黄绿色，老后变褐色，长10~15mm；管孔角形，孔径1.0~1.5mm。菌柄圆柱形，长6~28cm，粗5~7mm，质硬，直或弯曲，全体被透明黏液状物质，光滑，与菌盖同色或略浅，基部有白色绒毛。菌环宽8~10mm，位于菌柄上端，白色，老后变褐色。孢子阔椭圆形或卵形，有凸起脊状条纹，(9.5~14.5)μm×(8.0~13.0)μm，非淀粉质。

秋季单生于阔叶林或混交林中地上。

图114-1. 2008年11月8日。

114. 朱红粉末牛肝菌

Pulveroboletus auriflammeus (Berk. et Curt.) Sing.

　　菌盖宽2~5cm，初半球形，渐平展，表面黄色，上密被鲜橙红色粉末，干后脱落，湿时具黏性。菌肉白色至近黄色。菌管直生，初淡黄色，后逐渐带污绿色；管孔中至小型，带橙黄色。菌柄(3.0~5.0) cm×(0.5~1.3)cm，上下等粗或基部稍粗，表面和菌盖一样密布橙红色粉末，顶端有同色的网纹。孢子椭圆形至近纺锤形，平滑，(9~12)(15)μm×(4~6)(7)μm，光滑，非淀粉质。

　　单生或群生于混交林中地上。

牛肝菌科 **Boletaceae**

图114-2. 菌管表面。

图115-1. 2008年11月12日。独田。

图115-2. 2009年10月9日。独田。

牛肝菌科 Boletaceae

115. 疸黄粉末牛肝菌

Pulveroboletus icterinus (Pat. & C. P. Baker) Watling

菌盖宽1.5～5.5cm，扁半球形，渐平展，干，上覆一层厚的柠檬黄色粉末，盖缘初内卷，常有菌幕残余。菌肉黄白色，伤变浅蓝色，无味道，有硫黄气味。菌管表面黄色，伤时变蓝色；管里黄色；菌管长2～10mm，不易剥离；菌孔多角形，每毫米1.5～4个，多为1～2个，与菌柄成短延生。菌柄中生至偏生，圆柱形，长2.0～7.5cm，粗6～8mm，直至微弯曲，上粗下细，鲜黄色，伤时变灰蓝色至蓝色，上覆有柠檬黄色粉末，初实心，后空心。残留菌环位于柄上位，黄色，单环，易脱落，不活动。孢子椭圆形至广椭圆形，(8.0～10.0)μm×(3.5～6.0)μm，光滑，浅黄色，非淀粉质，内含1个油球。

夏秋单生或散生于混交林中地上。

图116-1. 2009年10月11日。菜地边林中。

图116-2. 采摘后的图116-1中菌体。

116. 橘红花盖粉末牛肝菌
Pulveroboletus sp.

子实体小型。菌盖宽2.2～3.6cm，扁半球形，渐平展，干，橘黄色，上有橘红色龟裂状斑块。菌肉浅黄色，伤变蓝色。菌管直生，表面幼时黄色，老后褐色；管里同管面色；菌孔角形，孔径约0.3mm。菌柄中生，圆柱形，长3.9～4.5cm，粗6～8mm，黄色，上有褐色斑，实心。菌环上位，黄色，膜质。孢子椭圆形至尖卵形，(9.0～11.4)μm×(5.0～6.0)μm，光滑，浅黄色，非淀粉质，内含1个至多个油球。

夏秋单生或散生于混交林中地上。

牛肝菌科 Boletaceae

图117-1. 2009年10月9日。独田。

图117-2. 2008年12月14日。成熟时的菌管表面。

117. 乳牛肝菌

Suillus bovinus (L.:Fr.) O.Kuntze

菌盖宽3～10cm，初半球形或凸镜形，后平展，幼时鹅黄色，后渐变橙黄色、橙褐色至肉桂色，干后肉桂色，表面光滑，湿时很黏，干时有光泽。菌肉淡黄色。菌管延生，不易与菌肉分离，淡黄褐色，管口复式，角形，常放射状排列，宽0.7～1.3mm。菌柄中生，近圆柱形，长2.5～7.0cm，粗0.5～1.2cm，光滑，无腺点，通常上部比菌盖色浅，下部呈黄褐色，基部上有白色绒毛，肉质，实心。孢子印黄褐带青褐色。孢子长椭圆形至椭圆形，(7.8～9.1)μm×(3.0～4.5)μm，光滑，浅黄色，非淀粉质。

夏秋散生或群生于混交林中地上。

图117-3. 2008年12月14日。幼菌。

图117-4. 2008年12月12日。老菌。

图118-1. 2008年12月12日。石门塘。

图118-2. 图118-1的菌盖表面。

118. 褐环黏盖牛肝菌

Suillus luteus (L.:Fr.) Gray

　　菌盖宽3~10cm，扁半球形，淡褐色、黄褐色、红褐色或深肉桂色，光滑，黏。菌肉淡白色或浅黄色，伤后不变色。菌管米黄色或芥黄色，直生或稍微下延；管孔角形，每毫米2~3个，有腺点。菌柄细长，(3.0~4.5)cm×(1.0~1.5)cm，圆柱形，草黄色或淡褐色，有散生小腺点。菌环在菌柄之上部，薄，膜质，初黄白色，后褐色。孢子近纺锤形或长椭圆形，浅褐色，(7.0~10.0)μm×(3.0~3.5)μm，光滑，非淀粉质。
　　夏秋单生或散生于混交林中地上。

图118-3. 图118-1的菌管表面和菌柄。

牛肝菌科 Boletaceae

图118-4. 2008年12月12日。石门塘。幼菌的菌盖表面。

图118-5. 采摘后图118-4的菌管和菌柄。

图119-1. 2009年7月15日。

图119-2. 图119-1的菌管面。

图119-3. 2009年10月9日。闪光灯开。

图119-4. 图119-3的菌管面。闪光灯开。

119. 黑盖粉孢牛肝菌（黑牛肝）

Tylopilus alboater (Schw.) Murr.

菌盖宽5～10cm，初扁半球形，后平展，干黑灰色、青黑色或稍带紫黑色。菌肉灰白色，伤后呈肉桂灰色或微具红色，最终变黑色。菌管表面白色带很浅的肉红色，菌管离生，近柄处稍凹陷，伤变浅虾红色后褐色最终变黑色，菌管长5～10mm，菌孔角形至圆形，孔径0.5mm。菌柄长4～10cm，粗1～4cm，近圆柱形，与菌盖同色，上部有凸出网纹；菌柄肉淡灰白色，伤后变虾红褐最后变黑色且发亮。孢子印褐色。孢子椭圆形，两侧不对称，(7.0～11.0) μm×(3.5～5.0) μm，光滑，非淀粉质。

夏秋散生于混交林中地上。

牛肝菌科 **Boletaceae**

牛肝菌科 Boletaceae

图120-1. 2008年11月6日。

图120-2. 图120-1的菌管面。

120. 绿盖粉孢牛肝菌

Tylopilus virens (Chiu) Hongo

菌盖宽3~10cm，初扁半球形，后平展，表面鲜黄色或黄带绿色，中部色深，有细毛。菌肉淡黄色至黄色。菌管表面白色带很浅的淡红色，菌管离生，近柄处稍凹陷，菌柄表面淡黄色，有时从中部向下部带红色至橙色，稍粉状至纤维状，有时有带黄色至橄榄绿色的不完全网纹。孢子纺锤形，两侧不对称，$(9.5~14.0)$ μm×$(4.0~6.0)$ μm，光滑，非淀粉质。

夏秋单生或散生于混交林中地上。

图121-1. 2009年6月19日。

121. 灰紫粉孢牛肝菌

Tylopilus plumbeoviolaceus (Snell & Dick) Sing.

菌盖宽5~7cm，紫色带点红色，常带白粉，干燥。菌肉白色，伤后不变色或稍变褐色，气味香，苦味。菌管表面白色，孔径细小。菌柄近圆柱形，与菌盖同色，光滑至顶端有细的网纹，基部色浅。孢子椭圆形，（10~13）μm×（3~4）μm，光滑，非淀粉质。

夏秋散生于混交林中地上。

牛肝菌科 **Boletaceae**

图121-2. 2009年6月19日。

图121-3. 采摘后的图121-2，示菌管面和菌盖表面。

图122-1. 2010年5月31日。独田。闪光灯开。

图122-2. 2009年6月21日。石门塘。闪光灯开。

图122-3. 2009年6月21日。闪光灯开。

122. 巴卢牛肝菌

Boletus balloui (Pk.) Sing.

菌盖宽5~12cm，不黏，橘黄色至浅褐黄色，后期呈木褐色至肉桂褐色。菌肉白色，近盖表处微黄色。菌管初白色，后黄色或黄褐色，直生至近柄处微下凹；管长4~10mm，菌孔圆形至角形，每毫米1~2个。菌柄中生，圆柱形，长2.5~12.0cm，粗0.7~2.5cm，与菌盖同色，实心。孢子长椭圆形，$(5~11)\mu m \times (3~5)\mu m$，光滑，淡黄色，内有1~3个油球。

单生或群生于阔叶林或混交林中地上。

牛肝菌科 Boletaceae

图122-4. 2009年6月21日。   图122-5. 图122-4的菌管表面。

图122-6. 2010年5月31日。

图122-7. 图122-6中的两个菌。

牛肝菌科 Boletaceae

149

图123-1. 2009年7月17日。独田。

图123-2. 图123-1中菌采摘后,示菌管表面。

123. 灰色牛肝菌

Boletus griseus Frost

菌盖宽3.6cm,不黏,灰色至灰褐色。菌肉白色,伤时不变色或变微红色,味道微酸苦。菌管表面浅黄白色,直生,菌管长4mm,不易剥离;菌孔角形,孔径0.3mm。菌柄中生,圆柱形,长6cm,粗1cm,柄基膨大,灰褐色,上有纵条纹,实心,内部白色,基部有白色绒毛。孢子长椭圆形,$(10.4\sim13.0)\mu m\times(3.8\sim4.0)\mu m$,光滑,内有1个油球。

单生于混交林中地上。

图124-1. 2009年7月23日。 　　图124-2. 2009年7月23日。

图124-3. 图124-1和图124-2的全体（之一）。闪光灯开。

图124-4. 图124-1和图124-2的全体（之二）。

124. 小美牛肝菌

Boletus speciosus Frost

子实体散生或丛生。菌盖宽5~8cm，干燥，被细绒毛，淡鲑橙色、橙黄色、梅红色至老玫瑰红色，有时褪色为葱皮粉红色。菌肉坚实，淡黄色，伤变蓝色，无特殊气味。菌管黄色，伤后变蓝色；孔口近圆形，每毫米2~3个。菌柄长4~9cm，粗1~2cm，顶端淡黄色，下部红褐色，有不太突出的网纹，内实。孢子近纺锤形，$(9~12)\mu m \times (3~4)\mu m$，光滑，淡黄色，非淀粉质。

单生或群生于阔叶林或混交林中地上。

牛肝菌科 **Boletaceae**

图125-1. 2009年7月17日。

图125-2. 图125-1 的菌管表面。

牛肝菌科 **Boletaceae**

125. 栗色牛肝菌

Boletus umbriniporus Hongo

菌盖宽3.0～8.0cm，表面有细羊毛状绒毛，干燥，暗褐色。菌肉黄色，菌柄基部菌肉带暗红色，伤处变深青蓝色。菌管近离生，黄色至黄绿色，孔口茶色，每毫米2～3个。菌柄长3.3～8.0cm，粗0.8～1.2cm，质硬，表面密布暗褐色小点，实心。孢子近纺锤形，(8.2～10.0)μm×(4.0～4.8)μm，光滑，淡黄色，非淀粉质。

单生或群生于阔叶林或混交林中地上。

图125-3. 2009年7月13日。

图125-4. 图125-3的菌管表面。

图125-5. 2009年7月17日。

牛肝菌科 Boletaceae

图126-1. 2009年7月20日。

图126-2. 2009年7月20日。

图126-3. 菌管表面。

126. 褐色疣柄牛肝菌

Leccinum sp.

菌盖宽1.3～8.0cm，棠梨色，不黏。菌肉浅黄色，伤不变色，10分钟左右稍变红色，无气味，无味道。菌管极细密，管面污褐色，有黑点。菌管长6mm，管里颜色浅黄。菌柄棒状，长5～13cm，粗0.8～1.7cm，浅褐色，上有不明显条纹和大量的褐色疣点，实心，柄基部幼时有黏滑的黏液。土内菌丝粉黄色。孢子椭圆形，(7.2～9.2)μm×(4.0～4.6)μm，光滑，非淀粉质。

散生或群生于混交林中地上。

图126-4. 菌柄，示褐色的疣点。

图127-1. 2009年7月15日。

图127-2. 图127-1中菌的菌盖表面。

127. 紫红绒盖牛肝菌
Xerocomus puniceus (Chiu) Tai

菌盖宽3cm，蔷薇红色，绒状，有细裂纹，不黏。菌肉浅黄色，伤不变色，无气味，生尝微苦酸辣。菌管孔径0.6mm，管口角形，管面黄色，管里黄色。菌柄圆柱形，同菌盖色，长4cm，粗0.9cm，上有小纤毛状鳞片，实心，菌柄内部黄色。孢子长椭圆形，$(14.0\sim16.0)\mu m\times(6.0\sim6.4)\mu m$，光滑，非淀粉质。

单生于混交林中地上。

牛肝菌科 **Boletaceae**

图127-3. 图127-1中菌的菌柄与菌管表面。

图127-4. 2009年7月17日。

图127-5. 图127-4中菌的菌柄及菌管表面。

牛肝菌科 Boletaceae

图128-1. 2008年12月14日。独田。与一群乳牛肝菌长在一起。

图128-2. 图128-1中的玫红铆钉菇。图示菌盖表面。

128. 玫红铆钉菇

Gomphidius roseus (Fr.)Karst.

子实体单生或群生。菌盖直径3～6cm，表面黏，淡红色，老后有黑斑。菌肉白色。菌褶最初白色，后为黑绿色，延生。菌柄长3～6cm，粗6～10mm，向下收细，菌柄顶端有不完全的棉毛状菌环。孢子长椭圆形至近纺锤形，(13.5～18.0) μm×(6.0～7.0) μm。

夏季生于针叶林中地上，并常和乳牛肝菌一起发生。外生菌根菌。

铆钉菇科 **Gomphidiaceae**

图128-3. 图128-1中的玫红铆钉菇，图示菌褶。

铆钉菇科 Gomphidiaceae

图128-4. 2010年1月1日。魏绍巍摄。

图128-5. 图128-4中菌，图示菌褶。魏绍巍摄。

图129-1. 2008年12月14日。独田。

图129-2. 图129-1中两菌的菌盖，其中一个上面有另一个菌留下的孢子印。

129. 铆钉菇

Gomphidius viscidus (L.)Fr.

子实体单生、散生或群生。菌盖直径3~8（12）cm，浅棠梨色至咖啡色，光滑，湿时黏，干时有光泽。菌肉带红色，干后淡紫红色。菌褶初青黄色，后为紫褐色，延生，不等长。菌柄长6~18cm，粗1.0~2.5cm，向下渐细，与菌盖色相近，基部带黄色，实心。孢子印绿褐色。孢子青褐色，光滑，长椭圆形至近纺锤形，(14.0~22.0) μm×(6.0~7.5) μm。

夏季生于针叶林中地上。外生菌根菌。

图129-3. 图129-1中的两菌体。

图129-4. 2008年12月14日。独田。

图129-5. 图129-4中两菌体挖出后，示菌柄及菌褶。

铆钉菇科 Gomphidiaceae

红菇目 Russulales

图130-1. 2008年11月6日。幼嫩者,菌盖上有绿色斑。

图130-2. 图130-1中菌体的菌褶。

130. 红汁乳菇

Lactarius hatsudake Tan.

菌盖宽4～9cm,中凹形,幼时青绿色,部分带白色,老时渐褪色为橙黄色至土黄色,伤时慢慢地变绿色,具同心环纹,近光滑,稍黏,肉质,边缘延伸。菌肉黄白色,无味道和气味。乳汁橙色至红褐色,少。菌褶鲜橙色,伤变铜绿色,老标本伤后变色较弱,不等长,分叉,具横脉,延生,褶缘平滑。菌柄中生,粗圆柱形,长3～4cm,粗10～20mm,橙色、白带紫绿色,伤变绿色,肉质,空心。孢子广椭圆形,(6～10)μm×(5～8)μm,具弱网纹及小疣,微黄色,淀粉质。

散生于阔叶林和混交林中地上。

菌根菌,可食。

图130-3. 2008年11月6日。幼嫩者。

图130-4. 图130-3中菌体的菌盖表面。

红菇科 Russulaceae

图130-5. 图130-3中菌体挖出后形态，图示菌柄及菌褶。

图130-6. 2008年11月6日。较成熟者。

图130-7. 图130-6中菌体的菌褶。

图130-8. 2009年10月9日。成熟者。

图130-9. 图130-8中菌体的侧面，示菌褶和菌柄。

图130-10. 2008年11月12日。

图130-11. 2008年11月12日。老后菌盖退色。

图130-12. 图130-10及图130-11中的两菌体，示其菌褶。

图130-13. 2010年1月1日。郑毅、魏绍巍摄。

图130-14. 2010年1月1日。郑毅、魏绍巍摄。

红菇科 Russulaceae

图131-1. 2008年11月8日。上游泳池途中石梯边地上。

图131-2. 2008年11月8日。图示菌褶及蓝色乳汁。

131. 蓝绿乳菇

Lactarius indigo (Schw.)Fr.

菌盖宽2.5～10.0cm，幼时扁半球形，后平展至近漏斗形，表面蓝绿色或蓝青色，有环纹，伤处蓝色变深或变绿色，边缘内卷。菌肉污白色，伤变绿色。乳汁蓝色。菌褶蓝色，稍密，不等长，延生，褶缘平滑。菌柄中生，圆柱形，光滑，蓝色，长2～4cm，粗0.8～1.3cm，基部收细，内部松软至空心。孢子印白色。孢子近球形至卵圆形，(6.0～9.0)μm×(5.6～10.0)μm，具小刺，淀粉质。

散生于混交林或阔叶林中地上。

图131-3. 2008年11月12日。游泳池厕所附近地上。

图131-4. 同图131-3。图示菌褶。

图132-1. 2009年6月21日。去石门塘途中,海拔400m。

图132-2. 时间、地点同图132-1。

图132-3. 时间、地点同图132-1。

132. 辣乳菇

***Lactarius piperatus* (L.:Fr.)Gray**

菌盖宽3~10cm,白色或米白色,表面干燥,边缘内卷然后伸直。菌肉白色,硬且脆。乳汁白色。菌褶浅肉色,极密,很窄,不等长,具分叉,延生,褶缘平滑。菌柄中生,圆柱形,光滑,与菌盖同色,长2~7cm,粗1~3cm,基部收细,内部实心。孢子近球形至阔椭圆形,(6.0~8.0)μm×(5.0~6.5)μm,表面粗糙,淀粉质。

夏秋雨后生于混交林或阔叶林中地上。

图132-4. 时间、地点同图132-1。

红菇科 Russulaceae

图133-1. 2009年4月18日。雷宇摄。

图133-2. 2009年4月15日。幼菌。雷宇摄。

图133-3. 2009年4月15日。幼菌。雷宇摄。

图133-4. 图133-3中菌体的菌盖表面。雷宇摄。

图133-5. 图133-3中菌体挖出后，示菌褶及菌柄。雷宇摄。

133. 毛头乳菇

Lactarius torminosus (Schaeff.:Fr.)Gray

子实体中等大。菌盖宽4～11cm，深蛋壳色至暗土黄色，具同心环纹，边缘内卷，有白色长绒毛。菌肉白色。乳汁白色。菌褶白色，后期浅粉红色，直生至延生，较密。孢子阔椭圆形，(8～10)μm×(6～8)μm，有小刺，淀粉质。

夏秋生于混交林或阔叶林中地上。

图134-1. 2008年11月5日。

图134-2. 2008年11月5日。

图134-3. 2009年6月21日。

红菇科 Russulaceae

134. 白菇

Russula albida Peck

子实体小。菌盖宽2.5～6.0cm，白色，无毛，表皮易撕裂，边缘平滑或有不明显的短条棱。菌肉白色。菌褶白色，直生至凹生，褶间有横脉。菌柄白色，圆柱形，长2～6cm，粗0.5～1.5cm，内部松软。孢子近球形，有小刺，8～9μm，淀粉质。

单生或散生于林中地上。

图135-1. 2009年7月17日。

图135-2. 2009年7月17日。菌褶。

红菇科 Russulaceae

135. 黄斑绿菇

Russula crustosa Peck

菌盖宽5～10cm，浅土黄色或浅黄褐色，中部色略深，表面有斑状龟裂，幼时或湿时黏，老后边缘有条纹。菌肉白色，味道柔和，无特殊气味。菌褶白色，老后变为暗乳黄色，直生或凹生，少数分叉。菌柄白色，圆柱形，长3～6cm，粗1.0～2.5cm，内松软。孢子近球形，有小疣，(6.1～8.4)μm×(5.8～6.9)μm，淀粉质。

单生或散生于混交林中地上。

图136-1. 2008年11月6日。

图136-2. 2008年11月6日。

图136-3. 2008年11月6日。

136. 大白菇

Russula delica Fr.

菌盖宽3~14cm，白色，边缘无棱纹。菌肉白色。菌褶白色，密，不等长。菌柄白色，圆柱形，长2~4cm，粗1.0~2.5cm，内实。孢子近球形，小刺显著，稍有网纹，(6.6~10.6)μm×(6.9~8.8)μm，淀粉质。

单生或散生于混交林中地上。

图136-4. 2008年11月6日。

红菇科 Russulaceae

图137-1. 2009年10月9日。

图137-2. 图137-1中菌体挖出后，示菌褶及菌柄。

图137-3. 2008年11月5日。上山土公路沙地上。

图137-4. 图137-3中菌体挖出后，示菌褶及菌柄。

137. 乳白绿菇

Russula galochroa Fr.

子实体小至中等。菌盖宽3.5～5.0cm，幼时白色，成熟后浅绿色、黄绿色至浅灰褐绿色，湿润时黏，表皮可部分剥离，边缘初平滑后有条纹。菌肉白色。菌褶白色带肉色，直生。菌柄白色带浅银红色，圆柱形，中松软。孢子无色，具小疣，近球形，6.5～7.0μm，淀粉质。

散生于混交林中地上。

图138-1. 2009年6月19日。菜地。

图138-2. 菌褶及菌柄。

图138-3. 2009年6月19日。菜地。

138. 拟臭黄菇

Russula laurocerasi Melzer

子实体中等至较大。菌盖宽3～15cm，浅黄色、土黄色至草黄色，表面黏滑，边缘有明显的由颗粒或疣组成的棱纹。菌肉污白色。菌褶污白色，往往有浅褐色斑点，直生。菌柄白色，圆柱形，长3～14cm，粗1.0～1.5cm，中空。孢子近无色，具刺棱，近球形，(8.5～13.5)μm×(7.5～10.0)μm，淀粉质。

散生或群生于混交林中地上。

红菇科 Russulaceae

图139-1. 2009年6月19日。上游泳池途中。

图139-2. 2009年6月19日。上游泳池途中。

图139-3. 2009年6月21日。石门塘。

图139-4. 2009年6月21日。石门塘。

139. 稀褶黑菇

Russula nigricans (Bull.) Fr.

子实体中等至较大。初期污白色，后变黑褐色。菌盖直径可达15cm，中部往往穿孔。表面黏滑，边缘无棱纹。菌肉污白色，较厚，伤后变红，后变黑色。菌褶污白色，厚，稀，不等长。菌柄粗壮，圆柱形，长3.2cm，粗1.7cm，污白色。孢子近无色，具疣及不显著网纹，近球形，(7.8～8.0)μm×(6.0～6.8)μm，淀粉质。

散生或群生于混交林中地上。有毒。

图140-1. 2009年6月19日。上游泳池途中。较老熟者。

图140-2. 2009年6月21日。较幼嫩者。

140. 点柄黄红菇

Russula senecis Imai

菌盖宽3～9cm，初半球形，后平展，黄褐色至赤褐色，表皮撕裂，边缘内卷，具颗粒状物构成的条纹和棱纹。菌肉黄白色，味道辣，有恶臭气味。菌褶白色，直生，末端分叉，褶缘平滑。菌柄中生，圆柱形，长4～9cm，近柄顶处粗6～18mm，基部杵状，被细鳞片，具褐色腺点。孢子近球形，(7.0～11.0)μm×(7.5～10.0)μm，具小刺，小刺长1～2μm，具网纹，微黄色，淀粉质。

散生或群生于阔叶林或混交林中地上。

药用菌和毒菌。

图140-3. 2009年6月21日。幼嫩者。

图140-4. 图140-2和图140-3中的菌体。

图140-5. 菌褶。

图140-6. 2010年5月30日。上游泳池途中。

图140-7. 图140-6中菌体挖出后形态,注意柄上的褐色小点。

红菇科 Russulaceae

图141-1. 2009年4月15日。雷宇摄。

141. 紫红红菇

Russula omiensis Hongo

菌盖宽3.0～4.5cm，紫红色，中间色深，表面湿时黏。菌肉白色，有辛辣味。菌褶白色，直生，等长。菌柄中生，圆柱形，长5～6cm，白色。孢子近球形，(9.5～12.0)μm×(7.5～10.0)μm，具小刺，淀粉质。

单生或散生于林中地上。

红菇科 Russulaceae

图141-2. 菌褶。雷宇摄。

图142-1. 2009年6月19日。上游泳池途中，海拔200米。较老熟者。

红菇科 **Russulaceae**

图142-2. 较幼嫩者。

图142-3. 成熟者。

图142-4. 图142-1、图142-2和图142-3中的3个菌体。

142. 紫花红菇

Russula sp.

子实体中等大。菌盖宽4～7cm，不黏，龟裂。边缘无明显棱纹。菌肉白色。菌褶白色，直生。菌柄白色，圆柱形。孢子有小刺，近球形，6～8μm，淀粉质。

单生或散生于混交林中地上。

图143. 2010年5月30日。上山土公路边林中。

143. 堇紫红菇

Russula violacea Quél.

子实体中等大。菌盖宽5~8cm，不黏，紫色，有褐色斑块。边缘有棱纹。菌肉白色。菌褶白色，直生。菌柄白色，圆柱形。孢子有小刺，近球形，6~8μm，淀粉质。

单生或散生于混交林中地上。

红菇科 Russulaceae

红菇科 Russulaceae

图144-1. 2009年4月15日。雷宇摄。

图144-2. 2009年6月19日。

图144-3. 同图144-2。

144. 小红菇

Russula sp.

菌盖宽0.8～1.0cm，粉红色至红色，有时带紫红色，边缘白色。菌肉白色。菌褶白色，等长或小部分不等长，有横脉，直生至短延生。菌柄中生，棒形或圆柱形，长0.5～1.5cm，粗1～3mm，柄基杵状，白色，肉质，空心。孢子近球形，(6～8) μm×(5～7) μm，具小刺，无色至近无色，淀粉质。

单生或散生于阔叶林或混交林中地上。

图145-1. 2010年5月30日。采自菜地边林中。

图145-2. 幼嫩时菌褶。

图145-3. 老熟后菌褶。

145. 赭色红菇

Russula compacta Frost et Peck apud Peck

菌盖宽4~6cm，赭色，黏，表皮易剥离，边缘无条纹。菌肉白色，厚。菌褶白色，老后变赭色，不等长。菌柄中生，圆柱形，向下收细，长2.5~4.5cm，粗0.8~1.2cm，白色，肉质，实心或松软。孢子近球形，直径6~8μm，具小刺，无色至近无色，淀粉质。

散生于阔叶林或混交林中地上。

红菇科 Russulaceae

腹菌纲 Gasteromycetes
鸟巢菌目 Nidulariales

图146-1. 2010年4月23日。管理处外公路边，海拔178m。

图146-2. 2010年4月23日。管理处外公路边，海拔178m。

146. 隆纹黑蛋巢菌
Cyathus striatus Willd.:Pers.

包被酒杯状，高8～12mm，由栗褐色菌丝固定于腐枝上。外包被有粗毛，棕黄色至褐色，内侧表面灰色至深褐色，有明显的纵条纹。包被内盛小包，小包扁圆形，直径1.5～2.0mm，由菌丝索固定于包被中，黑色。孢子长方形、椭圆形或卵圆形，(17.0～20.0)μm×(8.0～12.5)μm，光滑，无色，非淀粉质。

单生或散生于地上腐枝上。

马勃目 Lycoperdales

图147-1. 2009年4月14日。管理处外公路边，海拔178m。雷宇摄。

图147-2. 同图147-1。雷宇摄。

图147-3. 同图147-1。雷宇摄。

图147-4. 同图147-1。雷宇摄。

147. 头状秃马勃
Calvatia craniiformis (Schw.) Fr.

担子果陀螺形，直径3～11cm，包被膜质，土黄色或茶褐色，上有微细绒毛，不规则开裂脱落。具发达的不育基部。产孢组织土黄色。孢子球形至椭圆形，3.0～4.5μm，有小刺，淡青黄色。孢丝与孢子同色，分枝少，有隔膜，粗2～5μm。

单生或散生于阔叶林中地上。

马勃科 Lycoperdaceae

图148-1. 2009年6月19日。上游泳池石梯边地上。

图148-2. 图148-1中菌体采摘后近照。

148. 木生地星

Geastrum mirabile (Mont.)Fisch.

未展开的担子果球形至倒卵形，直径7~20mm，附于白色菌丝层上。外包被厚1mm，上半部开裂为5~6片，基部袋形，外侧淡黄色。内包被薄，膜质，浅灰褐色至暗灰色。嘴部平滑，有光泽，圆锥形，具明显环带，颜色比包被其他部分稍浅。孢子球形，3.0~4.5μm，具微细小疣，褐色，有油球。孢丝长，粗达2.5~4.0μm，无色至浅黄色，厚壁，互相交织，罕有隔膜。

单生或群生于混交林中腐木上。

硬皮马勃目 Sclerodermatales

图149-1. 2008年11月6日。

图149-2. 2008年11月10日。

图149-3. 2008年11月9日。

图149-4. 2009年10月9日。

149. 光硬皮马勃

Scleroderma cepa Pers.

担子果近球形、梨形或陀螺形，直径1.4~9.0cm，无柄或由一团黄色菌丝索收缩成柄状基固定于地上，不育基部小。包被杏黄色，厚0.5~1.5mm，上有龟裂不规则褐色小鳞片，成熟时不规则开裂成数裂片，裂片尖端外卷或不外卷，有时呈星状伸展。产孢组织褐色，粉末状。孢子球形，直径7~10μm，具长1~2μm的紫黑色小刺，褐色。散生或群生于混交林中地上。

硬皮马勃科 Sclerodermataceae

图150-1. 2008年11月10日。

图150-2. 图150-1中菌体挖出后形态。

150. 多根硬皮马勃

Scleroderma polyrhizum Pers.

担子果近球形，直径3.3～8.0cm。包被坚韧，干时厚1～2mm，土黄色，表面粗糙，上有鳞片，基部有白色菌丝索固着地上，成熟时呈星状开裂，裂片反卷。产孢组织暗褐色。孢子球形，褐色，直径7～11（13）μm，具小刺，常有相连接的不完整网纹。

单生或散生于林中地上。

硬皮马勃科 Sclerodermataceae

图151-1. 2009年5月16日。实验楼后山坡上,海拔181m。

图151-2. 挖出后可见柄和土壤中菌索形态。

151. 灰疣硬皮马勃

Scleroderma verrucosum Pers.

担子果球形,直径0.8～4.0cm,具柄状基部,柄状基(1.0～1.5)cm×(0.5～0.6)cm,其下形成菌索。外包被米黄色至深褐色,薄,易碎,上有小鳞片,成熟时顶端不规则开裂。产孢组织暗褐色,粉末状。孢子球形,直径8～10μm,具短小刺,紫褐色。孢丝稀见,宽3.0～3.5μm,无色,无隔膜。

散生或群生于阔叶林中地上及落叶层下。

图151-3. 未完全成熟子实体切开后可见暗褐色产孢组织。

腹菌目 Hymenogastrales

图152-1. 2010年5月30日。上游泳池途中。左上部分为子实体切开后剖面的形态。

图152-2. 图152-1中菌株采摘后。

152. 红须腹菌

Rhizopogon rubescens (Tul.)Tul.

担子果不规则球形，直径0.8～2.0cm，无柄，表面有与担子果同色的菌丝索。外包被白色至米黄色，有的地方带红色。切开后，皮层为灰红色，产孢组织灰黑色，迷路状。孢子梭形，浅褐色，光滑，（15.0～18.0）μm×（5.8～6.0）μm。

散生或群生于阔叶林中地上。

黑石顶大型真菌学名拉丁文索引

A

Agaricus rubellus /121
Amanita ceciliae /82
Amanita farinosa /83
Amanita fuliginea /84
Amanita griseoverrucosa /86
Amanita gymnopus /85
Amanita hongoi /88
Amanita kotohiraensis /89
Amanita lignitincta /90
Amanita manginiana /91
Amanita oberwinklerana /93
Amanita ovalispora /94
Amanita pilosella /96
Amanita rufoferruginea /97
Amanita sculpta /99
Amanita sinensis /100
Amanita virgineoides /101
Amanita xanthogola /103
Amauroderma rugosum /30
Amylosporus campbellii /39
Auricularia polytricha /15
Austroboletus fusisporus /136

B

Boletellus longicollis /138
Boletus ballouii /148
Boletus griseus /150
Boletus speciosus /151
Boletus umbriniporus /152

C

Calocera cornea /16
Calvatia craniiformis /181
Cantharellus cibarius /75
Cantharellus cinereus /76
Clavulina cristata /25
Clavulinopsis sp. /26
Coltricia cinnamomea /31
Coltricia perennis /33
Coltricia pusilla /32
Conocybe tenera /126
Cordyceps cicadae /1
Cordyceps militaris /6
Cordyceps myrmecophila /2
Cordyceps nutans /3
Cordyceps pruinosa /4
Cordyceps sphecocephala /5
Cordyceps superficialis /2
Cortinarius croceofolius /128
Cortinarius melanotus /129
Cortinarius nothoanomalus /131
Craterellus aureus /77
Craterellus cornucopioides /78
Crepidotus mollis /132
Cyathus striatus /180
Cyclomyces fuscus /34
Cymatoderma infundibuliforme /17
Cyptotrama asprata /105

D

Dictyopanus pusillus /114

E

Entoloma cyanoniger /117
Entoloma quadratum /118
Entoloma rhodopolium /119
Entoloma sp. /120

F

Favolus alveolaris /50
Fomitopsis pinicola /67
Fomitopsis rhodophaeus /69

G

Galiella javanica /12
Ganoderma calidophilum /29
Ganoderma sinense /28
Geastrum mirabile /182
Gloeophyllum sepiarium /65
Gomphidius roseus /157
Gomphidius viscidus /159

H

Helvella pulla /13
Hohenbuehelia flexinis /104
Hygrocybe coccinea /79
Hygrophorus craceus /80
Hymenochaete badio-ferruginea /35
Hymenochaete cacao /36
Hymenochaete sallei /37
Hymenoscyphus serotinus /11

Hypoxylon annulatum /7

I

Inocybe umbrinella /127

L

Laccaria vinaceoavellanea /81
Lactarius hatsudake /161
Lactarius indigo /164
Lactarius piperatus /165
Lactarius torminosus /166
Laetiporus sulphureus /51
Leccinum sp. /154
Lentinus giganteus /72
Lenzites betulina /58
Lepiota helveola /123
Lepiota parvannulata /124
Leucocoprinus birnbaumii /122

M

Marasmiellus candidus /106
Marasmius maximus /109
Marasmius niveus /107
Marasmius purpurreostriatus /108
Microporus affinis /44
Microporus vernicipes /42
Microporus xanthopus /47
Mycoleptodonoides aitchisonii /27

N

Nigroporus vinosus /66

O

Oudemansiella mucida /111
Oudemansiella radicata /112

P

Panus rudis /70
Paxillus curtisii /134
Phellinus gilvus /38
Phylloporus bellus /133
Polyporus arcularius /49
Polyporus grammocephalus /48
Pseudocoprinus disseminatus /125
Pulveroboletus auriflammeus /139
Pulveroboletus icterinus /140
Pulveroboletus sp. /141
Pycnoporus cinnabarinus /54
Pycnoporus sanguineus /56

R

Ramaria flaccida /23
Ramaria sp. /24
Rhizopogon rubescens /186
Russula albida /167
Russula compacta /179
Russula crustosa /168
Russula delica /169
Russula galochroa /170
Russula laurocerasi /171
Russula nigricans /172
Russula omiensis /175
Russula senecis /173
Russula sp. /176
Russula sp. /178
Russula violacea /177

S

Schizophyllum commune /74
Scleroderma cepa /183
Scleroderma polyrhizum /184
Scleroderma verrucosum /185
Strobilomyces floccopus /135
Suillus bovinus /142
Suillus luteus /143

T

Thelephora amboinensis /21
Thelephora penicillata /22
Thelephora vialis /19
Trametes gibbosa /59
Trametes muelleri /61
Trametes versicolor /63
Tremella fuciformis /14
Trichaptum abietinus /53
Tylopilus alboater /145
Tylopilus plumbeoviolaceus /147
Tylopilus virens /146

V

Volvariella bombycina /115

X

Xylaria castorea /9
Xylaria fibula /8
Xylaria sp. /10
Xerocomus puniceus /155

黑石顶大型真菌学名拉丁文索引

黑石顶大型真菌学名中文索引

三画

土红粉盖鹅膏（锈红鹅膏，土红粉盖伞）/97
土褐丝膜菌/128
大孔菌/50
大白菇/169
大盖小皮伞/109
大蝉草/1
小马鞍菌/13
小亚侧耳/104
小托柄鹅膏/83
小网孔菌/114
小红菇/178
小环环柄菇/124
小孢白枝瑚菌/23
小革菌/22
小美牛肝菌/151
小假鬼伞/125
小集毛菌/32

四画

木生地星/182
木色鹅膏/90
巨大香菇（大杯香菇）/72
中华鹅膏/100
贝形剌革菌/35
毛木耳/15
毛头乳菇/166
长根小奥德蘑/112
长领黏盖条孢牛肝菌（长领黏牛肝菌，新加坡小牛肝菌）/138
爪哇盔盘菌/12
方形粉褶菌/118
头状秃马勃/181
巴卢牛肝菌/148

五画

艾特类小齿菌/27
本乡鹅膏/88
白菇/167

六画

灰号角（喇叭菌，灰喇叭菌）/78
灰色牛肝菌/150
灰色拟锁瑚菌/26
灰色粉褶菌/120
灰花纹鹅膏/84
灰疣硬皮马勃/185
灰疣鹅膏/86
灰紫粉孢牛肝菌/147
灰褐小鹅膏/82
灰褐鸡油菌/76

扣状炭角菌/8
光硬皮马勃/183
肉桂色集毛菌/31
朱红粉末牛肝菌/139
朱红密孔菌/54
伪异状丝膜菌/131
血红密孔菌/56
多年生集毛菌/33
多根硬皮马勃/184
米勒栓菌/61
异味鹅膏/89
红汁乳菇/161
红须腹菌/186
红褐拟层孔菌/69

七画

赤脚鹅膏/85
拟臭黄菇/171
针环褶菌/34
卵孢鹅膏/94
冷杉近毛菌/53
鸡油菌/75
纯白微皮伞/106
纯黄白鬼伞/122

八画

表生虫草/2
玫红铆钉菇/157
松生拟层孔菌/67
软刺革菌/37
欧氏鹅膏/93
金号角/77
乳牛肝菌/142
乳白绿菇/170

刻鳞鹅膏/99
波纹桩菇（波纹网褶菌，覆瓦
　网褶菌）/134
帚状黄革菌/21

九画

革耳/70
茧草/4
茶褐丝盖伞/127
相邻小孔菌/44
点柄黄红菇/173
蚁虫草/2
美丽褶孔牛肝菌/133
洁粉孢菌/39
冠锁瑚菌/25
柔弱锥盖伞/126
绒柄松塔牛肝菌/135

十画

莲座革菌/19
桦革裥菌/58
栗色牛肝菌/152
铆钉菇/159
胶角耳/16
疸黄粉末牛肝菌/140
酒色蜡蘑/81

十一画

堇紫红菇/177
黄尖鳞鹅膏/103
黄柄小孔菌/47
黄斑绿菇/168
雪白小皮伞/107

梭孢南方牛肝菌/136
假芝/30
银丝草菇（丝盖小包脚菇）/115
银耳/104
偏肿栓菌/59
彩绒栓菌（云芝）/63
粗糙小干蘑/105
淡黄木层孔菌/38
深黄蜡伞/80
隆纹黑蛋巢菌/180
隐花青鹅膏/91
绯红湿蜡伞/79
绿盖粉孢牛肝菌/146

十二画

喜热灵芝/29
棱盖多孔菌（射纹树掌）/48
棕黑丝膜菌/129
硬刺革菌/36
硫黄菌（硫色绚孔菌）/51
裂褶菌/74
紫芝/28
紫红红菇/175
紫红绒盖牛肝菌/155
紫花红菇/176
紫沟条小皮伞/108
紫褐蘑菇/121
掌形炭角菌/10
黑盖粉孢牛肝菌（黑牛肝）/145
短柄炭角菌/9
稀褶黑菇/172

十三画

蓝绿乳菇/164

蓝黑粉褶菌/117
椿象虫草/3
暗鳞隐丝鹅膏/96
蜂头虫草/5
蛹虫草/6
锥鳞白鹅膏/101

十四画

截头炭团菌/7
辣乳菇/165
漆柄小孔菌/42
漏斗多孔菌（漏斗棱孔菌）/49
漏斗形波边革菌/17
褐色疣柄牛肝菌/154
褐环黏盖牛肝菌/143
褐盖粉褶菌/119
褐鳞环柄菇/123

十五画

赭色红菇/179

十六画

薄黑孔菌/66
橘色层杯菌/11
橘色枝瑚菌/24
橘红花盖粉末牛肝菌/141
篱边黏褶菌/65

十七画

黏小奥德蘑/111
黏锈耳/132

主要参考文献

1. 毕志树，郑国扬，李泰辉. 广东大型真菌志. 广州：广东科技出版社，1994
2. 卯晓岚主编. 中国大型真菌. 郑州：河南科学技术出版社，2000
3. 黄年来主编. 中国大型真菌原色图鉴. 北京：中国农业出版社，1998
4. 刘旭东编著. 中国野生大型真菌彩色图鉴. 北京：中国林业出版社，2004
5. 今関六也・大谷吉雄・本郷次雄/編・解説. 日本のきのこ. 東京：山と溪谷社，2006
6. 杨祝良主编. 中国真菌志第27卷·鹅膏科. 北京：科学出版社，2005